KB052379

넘버스

일러두기

1 원작(EBS 다큐프라임 「넘버스」)을 책으로 옮기는 과정에서 다양한 수학 관련 자료를 참조해 몇 가지 내용들을 추가 보완하고 수정했다.

2 본서 발행 목적인 '수학에 대한 대중적 이해'의 취지에 따라 꼭 필요한 경우가 아니면 수학자의 이름, 논문이나 도서의 제목 등에 복잡한 원어 표기를 하지 않았다.

3 원작을 더욱 깊이 이해하는 데 필요한 수학적 사실들에 대한 참고 자료는 '부록'에 열거해 놓았다.

세상을 바꾼 다섯 개의 수

넘버스

EBS 〈넘버스〉 제작팀 지음 | EBS MEDIA 기획

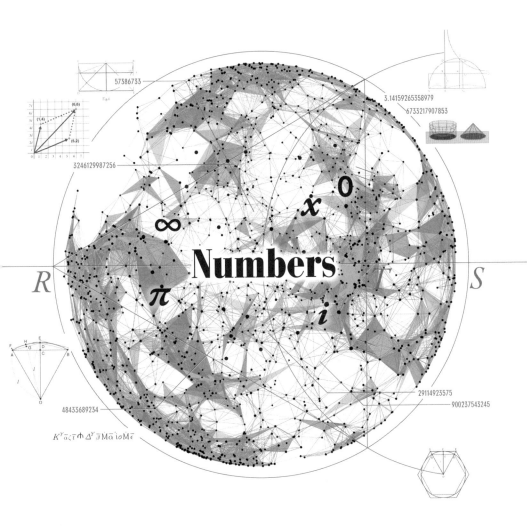

민음인

차례

제1부

하늘의 수 π —— 16

원과 정사각형의 비밀코드, 원주율 파이

제2부

천국의 사다리 ∞ —— 62

끝없는 수를 세는 방법. 수학자의 천국, 무한

김홍종 서울대 수리과학부 교수

많은 사람이 '수(數)'란 셈을 하는 데에만 쓰이는 것으로 좁게 해석하지만, 넓은 의미의 '수'는 '사물의 이치와 조화'를 뜻한다. 우리말에도 '셈'은 '헤아림'과 그 어원이 같다. 시인 윤동주의 "별 헤는 밤"이나 가수 이미자의 "헤일 수 없이 수많은 밤"에도 잘 나타나 있다. 요한복음 첫 구절은 "태초에 말씀이 계셨다."인데 이 '말씀'도 원래 셈을 뜻한다. 그러므로 '수'에 배울 '학(學)'이 붙으면, '사물의 이치를 다루는 학문'이다. '마테마틱스'의 뜻도 원래 그러하다. 비록 '하나, 둘, 셋'이 세상에서 중요한 역할을 하지만, 20세기 이후로는 이들보다 '개체와 집단' 사이의 관계가 더 깊이 수학의 바탕에 깔려 있다.

EBS가 야심 차게 기획한 다큐프라임 「넘버스」는 '수'가 일반 대중에게 친근하게 다가가는 데에 크게 기여하였다. 많은 제작진이 땀 흘리며 노력하여 값지게 얻은 결과물이다. 「넘버스」의 제1막 '원주율'은 '원방문제squaring the circle'를 다룬다. 이를 이해하려면, 먼저 '넓이'가 무슨 뜻인지 이해하는 것이 좋다. 오늘날은 하나, 둘, 셋 등의 수를 너무 일찍 배우는 바람에 모든 것을 수로 이해하려 한다. 마치 음식이란 '냉동실에서 꺼내서 데워 먹는 것이다.' 라고 생각하는 어리석음과 같다. 원래 넓이란 두 도형의 크기를 비교한 것이다. 이때 기준으로 삼는 도형은 주로 정사각형이다. 우리가 사용하는 수량은 대부분 '비교'를 통하여 얻는다. 키, 몸무게, 혈압, 시간 등 대부분의 측정이 '비교'다. 원의 넓이(정확히는 '원판의 넓이')를 재려면 정사각형을 어떻게 쪼개서 원을 얻는지를 알아야 한다.

기원전 5세기 그리스의 히피아스는 등속운동을 하는 선분과 등속도로 회전하는 선분의 교점을 이용하여 원방문제뿐 아니라 각삼등분 문제까지 모두 해결하였다. 아르키메데스도 와선을 이용하여 원방문제를 해결하였고, 또 다른 방법으로 각삼등분 문제도 해결하였다. 필자는 캐나다의 저명한 콕세터 교수가 팔찌를 이용하여 원방문제를 해결하던 멋진 장면이 아직도 떠오른다. 헝가리 수학자 라코비치는 1990년 원판을 유한개로 조각내어 다시 조립하면 정사각형을 얻는다는 것을 밝혔다. 오늘날은 원주율 π보다 '온각'을 상징하는 2π가 더 중요하다고 여긴다. 2π가 바로 기준인 '하나'다.

각삼등분 문제에 중요한 관심을 가진 까닭은 옛날 사람들이 하늘의 별들 또는 그 별들이 있는 천구가 1년에 360도, 즉 하루에 1도를 돈다고 생각한 것과 관련 있다. 각도의 기준으로 삼은 것은 정삼각형의 한 꼭지각이라 보아도 좋고, 또는 이를 육십등분한 1도라고 보아도 좋다. 히피아스나 아르키메데스가 각삼등분 문제를 해결하였음에도 불구하고 여전히 거기에 만족하지 않았던 이유는 그들의 해법이 유한단계로 완성할 수 있는 과정이 아니라 연속적인 무한과정을 사용했기 때문이다. 그래서 플라톤은 '자와 컴퍼스'만을 사용하라고 하였다. 종종 '눈금 없는 자'라고 강조하기도 하는데,

'눈금을 넣는다.'는 것은 이산적인 방법이 아닌 연속적인 방법, 즉 '무한한 경우 중 하나를 선택하는 방법'을 뜻하기 때문이다.

고대인들은 정삼각형과 정오각형을 제작하는 법을 알고 있었다. 이로부터 그들은 정15, 정30, 정60, 정120각형을 제작할 수 있었다. 정120각형의 작도는 원을 120등분하는 것과 같은 의미이므로 360도/120, 즉 3도를 작도할 수 있다. 하지만 3도를 삼등분한 1도는 작도가 불가능하다. '과연 작도할 수도 없는 1도를 각의 기준이라 할 수 있을까?' 하는 것이 고대인들의 불만이었다. 그래서 유클리드는 '직각'을 기준으로 하였는데, 그것은 중국 신화에도 나오는 직각자(곡자, 矩)로 상징된다. 고대 이집트에 하늘 높이 수직으로 솟아 있는 오벨리스크도 이 법(矩)을 상징하며 시간과 계절 등 많은 것을 알려 준다. 직각을 뜻하는 기호($\angle R$)가 한때 우리나라 중학교 과정에 있었지만, 교육부의 '학습량 경감 정책'에 의하여 사라졌다.

제2막은 '무한'이다. 기성세대의 만류에도 불구하고 칸토어는 무한이라는 '새로운 낙원'을 건설하면서 '대각정리'를 발견하였다. 이는 '사람들의 수보다 그들이 만드는 동아리 수가 더 많다.'라고 표현할 수도 있다. 이 명제에서 '사람들의 수'를 x라 하면 대각정리는 $2^x \rangle x$다. 소박한 집합론에서는 집합은 '집단'이고 동시에 다른 집단의 구성원인 '개체'다. '모든 것'이라는 집단에 대각정리를 적용하면 '모든 것'보다 더 큰 집단이 있다는 모순이 생긴다. 이외에도 많은 모순들이 무한을 건드린 대가로 발생하게 되었다. 고뇌에 찬 수학자들은 논리란 무엇이고, 언어란 무엇이며, 더 나아가 '수학의 무모순성'까지 깊이 생각하였다. 이 고민의 시기를 거치면서 드디어 알고리즘이나 셈을 한다는 것이 무슨 뜻이며, 기계가 어떤 일을 할 수 없는지 알게 되었고, 인공언어와 인공지능까지 말할 수 있게 되었다. 20세기 초에 순수한 수학자들이 고민한 결과로 20세기 후반에 디지털 혁명이 찾아왔다.

제3막은 '미지수'인데, 왜 차수가 높은 방정식은 해를 구하는 것이 어려운지 설명하였다. 전문 수학자들은 타원함수 등을 이용하면 5차 또는 그 이상의 방정식을 해결할 수 있다는 것을 알고 있다. "방정식을 풀려면 그 해들이 어떤 대칭성을 가지는지 알아야 한다."는 갈루아의 놀라운 발견은 후에 운동량이나 에너지 불변법칙 등 자연의 법칙으로 나타나며, 나아가 소립자나 그들 사이에 작용하는 힘의 궁극적인 의미를 설명한다.

제4막은 '영'인데, 오늘날 집합론에서는 이를 '공집합'이라 한다. 좁은 의미에서 현대수학은 공집합이 다 설명한다. 하나, 즉 1은 원소가 하나뿐인 집합을 뜻하는데, 그 원소는 바로 공집합이다. 서울대 수리과학부는 2011년 낡은 건물을 리모델링하면서 그 바닥층, 즉 영 층에 공집합을 상징하는 기둥을 세웠다. 그 공간은 '앙상블 라운지'라 불린다. '앙상블'이 바로 집합이다.

마지막 장은 허수단위인 'i'다. 기하학적으로 i는 90도 회전을 뜻한다. 복소수의 도입으로 평면운동을 설명하는 게 쉬워졌다. 1846년 아일랜드의 해밀턴은 사원수를 발견하였다. 이 수의 체계에서는 제곱하면 -1이 되는 순허수들이 무한히 많은데, 이들을 모으면 구면을 이룬다. 사원수 체계의 도입으로 공간운동을 더욱 잘 이해할 수 있게 되었다. 나아가 수학자들은 팔원수까지 발견하였는데, 아직도 이 수의 체계는 신비에 가려 있다.

공기가 보이지 않는다고 공기가 없다고 말하는 것은 어리석다. 수학은 우리의 삶에 가까이 있고, 그 응용범위가 가장 넓은 학문이다. 「넘버스」는 수학의 재미를 보여 준다. 이제 독자들은 수학을 즐길 수 있다. 즐거움이 없는 수학은 수학이 아니다.

인간의 논리와 사고를 확장시킨 다섯 개의 수

수, 자연의 진리를 이해하는 열쇠

자연을 커다란 책에 비유한다면, 그 텍스트의 내용을 이해하기 위해선 무엇보다 거기에 쓰인 언어를 알아야 할 것이다. 갈릴레오 갈릴레이의 주장으로는 그 언어가 바로 '수학'이다. 그렇다면 수학이란 무엇인가. 수(數)에 관한 학문? 물론 수학은 수를 다루지만, 문자 그대로만 해석하기에는 너무 턱없다. 오랜 역사를 거치며 수학의 범위가 엄청나게 확대됐기 때문이다. 그래서 미국의 저명한 수학 저술가 케이스 데블린은 수학을 "패턴Pattern의 과학"이라고 말한다. 수론과 산술은 수와 셈의 패턴, 기하학은 모양의 패턴을, 미적분학은 운동의 패턴 그리고 위상수학은 위치의 패턴을 연구한다는 얘기다.

그 말에 동의한다면, 수학은 추상적인 사고과정을 거쳐 자연 속에 내재한 패턴을 발견하고 증명으로 정리(定理)를 세우는 학문이라 할 수 있겠다. 이때 쓰이는 수학 언어들은 아주 추상적인 기호들로 표현된다. 자연에서 발견하는 패턴이 다양하고 심오해질수록 그것을 기술(記述)하는 기호들 또한 고도로 추상화되어 왔다. 게다가 시간이 갈수록 일상 언어와 점점 거리를 벌려 왔으니, 많은 이들이 이런 푸념을 뱉어도 달리 할 말은 없지 않겠는가. '그깟 수학 좀 몰라도 세상 사는 데 별 지장은 없잖아?'

EBS가 새로이 선보인 『넘버스』는 『문명과 수학』에 이어 동명의 다큐멘터리 원작을 책으로 묶은 두 번째 수학 교양서다. 제목에서도 알 수 있듯이 이 책은 '마법의 수'로도 불리는 다섯 개의 수 π, ∞, x, 0, i를 다룬다. 흔히 수라고 하면 '아라비아 수'를 떠올리는 통념과 달리 수학에서는 다양한 문자들이 수로 사용된다. 이처럼 진화된 기호들은 간결하며 고도의 추상성을 띤 수학 언어로서 자연과 우주의 본질을 이해하는 데 기여해 왔다. '세상에서 가장 아름다운 수학공식'이라는 오일러의 항등식을 보라. $e^{i\pi}+1=0$이라는 간단한 수식 하나로 대수학과 기하학, 해석학 사이에 물꼬를 틔우지 않았는가! 이 수식에 쓰인 e(자연상수), i(허수), π(원주율)는 모두 '수'다. 수학이 수를 연구하는 학문으로 규정되기에는 엄청나게 범위가 넓어졌지만, 수가 수학의 기본 질료라는 사실은 여전히 불변이다.

π, ∞, x, 0, i를 다시 '발견'하는 묘미

『넘버스』는 수학과 과학의 역사에서 아주 중요한 수 다섯 개를 선별해 각각에 담긴 철학적·역사적 의미를 탐색해 나간다. 원작 다큐에서도 그랬듯이 구성진 이야기 전개에 복잡한 수학 이론을 쉽게 이해시켜 줄 그래픽 화면들이 묘미를 더한다.

제1부는 원주율 π(파이)의 역사에 관한 이야기다. 출발점은 고대 이집트, 그리스, 중국의 수학자들로부터 시작된 '원과 정사각형의 관계'다. 물론 문명에 따라 토지 측량에 필요한 산술(이집트), 천문과 시간의 측정(중국), 순수한 기하학적 탐구(그리스) 등 추구하는 목적은 달랐다. 수학사에서 이 문제는 '원과 같은 넓이의 정사각형을 작도하라.'는 그리스의 원적문제로 정리되어 수천 년간 총명한 두뇌들을 괴롭힌 원인이 됐다. 우리는 만물의 본원적 형상 중 하나인 원과 정사각형이라는 기하학 도형 속에서 π가 탄생한 내력, 그리고 그 수가 초월수(방정식의 해가 될 수 없는 수)임이 밝혀지는 과정을 좇을 것이다. 고대 중국의 주공과 상고, 그리스의 아낙사고라스와 아르키메데스, 르네상스의 레오나르도 다빈치와 근대의 데카르트, 가우스, 린데만에 이르는 등장인물들이 이 여정의 가이드가 돼 줄 것이다.

π를 통해 '초월'의 관념을 만났다면, 그다음은 '무한'이다. 무한대 또는 영어로 인피니티Infinity라 불리는 기호 ∞는 신의 경계로 접어든 인간 정신의 표현이었다. 아리스토텔레스 이래로 무한은 인간이 범접할 수 없는 영역이었다. 그의 철학이 지배하던 서양의 중세에 신성은 크고 인간은 비루한 존재였을 뿐이다. 이러한 관념적 질서는 '전체가 부분보다 크다.'는 그리스식 공리와 맞닿는데, 제2부는 이 같은 중세적 세계관이 근대로 접어들며 전복되는 역사를 보여 준다. 우리는 원근법이 르네상스기에 일으킨 충격을 지켜보며, 무한에 관한 패러다임을 전환시킨 갈릴레오를 지나 마침내 가장 중요한 인물에게로 가닿을 것이다. 무한을 '셀 수 있는 것'으로 인간계에 귀속시킨 칸토어. 신경쇠약에 시달리던 그의 말년은 정녕 신의 영역을 침범한 자가 짊어져야만 했던 대가였을까?

제3부에서는 방정식의 역사가 전개된다. x로 대변되는 '미지수'의 비밀을

밝힐 지적 탐험이다. 몇 개의 이정표들이 있었다. 주판처럼 산가지를 이용한 중국의 방정술, 2차를 넘어 3차방정식에 도전한 페르시아 수학자들의 업적도 여기에 포함된다. 하지만 대수학의 차원에서 미지수에 대한 수학적 정리를 확립한 것은 16세기 르네상스 시대부터였다. 타르탈리아, 카르다노, 페라리에 의해 3차와 4차방정식을 정복한 이탈리아로 건너가 당대의 치열했던 수학 대결을 엿보는 재미를 느껴 보자. 또, 그로부터 200여 년 후의 세상에 이르면 5차방정식을 해결한 '전대미문의 사건'도 대면할 것이다. 주인공은 스무 살에 요절한 비운의 청년 에바리스트 갈루아다. 대체 어떻게 그는 5차방정식의 비밀을 밝히는 200년 묵은 난제를 풀었을까? 아주 유려하고 천재적인, 아름다우면서도 혁명적인 아이디어와의 만남이 우리를 기다릴 것이다. 미리 귀띔하자면, 그 비밀은 바로 '대칭'에 있다.

네 번째 수는 우리에게 아주 익숙한 0이다. 공백(空), 없음(無)을 뜻하는 단어인 '순야Śūnya'. 인도인이 이러한 관념을 0이라는 수로 표현했을 때, 그들은 이후에 펼쳐질 수학의 격변을 예상이나 했을까? 1, 2, 3, 4, 5, 6, 7, 8, 9, 0이라는 열 개의 수만으로 인간은 우주를 헤아릴 수 있게 됐고, 0으로 인해 음수와 방정식도 탄생할 수 있었다. 얼마나 혁명적인 수였는지는 0을 이단시하던 중세 유럽인의 공포에서 쉽게 확인할 수 있을 것이다. 제4부는 인도를 원산지로 하는 0의 탄생과 전파를 그리는 서사다. 현대인이 무신경하게 쓰고 있는 이 수가 받아들여지기까지 세상이 보여 준 혼돈과 변화의 풍경이 다양한 에피소드로 전개될 것이다.

마지막으로 우리의 지적 여정이 향하는 종착역은 허수 i다. 빅뱅 우주론자 조지 가모의 '보물찾기 수수께끼'로 시작되는 제5부는 추리하듯 답을 찾아가며 이 수가 지닌 매력을 드러낸다. 16세기의 카르다노가 방정식 문제에서 우연히 발견한 수. 요즘처럼 i로 불리기 전 '상상의 수', '불가능한 수', '궤변적인 수', '불합리한 수' 따위의 부정적인 이름으로 불려 온 수. 이처럼 결코 순탄치 않은 출생과 성장기를 지닌 i가 어떻게 해서 현재의 위상을 가질 수 있었는지를 이해해 보자. 이제 허수는 로저 펜로즈, 스티븐 호킹 같은 당대의 석학들이 우주의 기원을 설명하는 데 없어서는 안 될 기호가 됐다. 그런데 참 아이러니 하지 않은가. 현실에 존재하지 않는 수가 우주의 신비를 푸는 열쇠가 된다니 말이다. 허수 다음에는 또 어떤 수가 우리를 기다리고 있을 것인지…….

수학은 살아 있는 생명의 언어

"세상은 수학이라는 언어로 쓰여 있습니다. 물리의 기본을 표현하려면 수학적 아이디어와 수학 개념, 수학 공식, 수학 이론을 사용해야 합니다. 세상의 근원에 대해 깊이 알고자 할 때, 우리는 수학 없이 어떤 것도 할 수 없습니다."

당대의 석학인 로저 펜로즈 경이 다큐 「넘버스」 제작진에게 건넨 말이다. 여기에서 다시 갈릴레오의 이야기가 떠오른다. 그가 "자연이라는 커다란 책을 이해하는 데 꼭 필요한 언어"라고 말할 때의 수학 말이다. 생각해 보면 참 신기하지 않은가? 불완전한 인간 지성의 산물인 수학이 어떻게 자연법칙과 딱딱 맞아떨어지는 언어가 됐을까. 수학은 정말 신의 언어인가.

『넘버스』는 π, ∞, x, 0, i를 통해서 인간이 도달한 수의 지평으로 독자를 안내한다. 하지만 하늘에서 뚝 떨어진 신의 계명처럼, 그 수들이 어느 한순간 우리 앞에 주어진 선물은 아니었다. 그 속에는 수백, 수천 혹은 수만 년 동안 꿈틀거린 인간의 정신사가 담겨 있으며, 오랜 열정과 분투 속에서 다듬어 온 지성의 새로운 언어가 기록돼 있기 때문이다. 물론 그 언어는 지금도 계속해서 생성, 변화, 발전해 나가는 중이다.

EBS 다큐프라임 「넘버스」는 서울대 김홍종 교수가 총 자문을 맡았으며 2010년 필즈상 수상자인 세드릭 빌라니 등 국내외 석학들이 프로그램에 참여해 프로그램의 전문성을 높였다. 또한 방영 후 방송통신심의위원회로부터 '이 달의 좋은 프로그램'으로 선정되었고, 방송통신위원회방송대상 창의발전 부문 우수상과 한국방송대상 작품상, 대한민국콘텐츠대상 국무총리상을 받는 등 전작 「문명과 수학」에 이어 '수학의 대중화'에 큰 기여를 했다는 평가를 받았다.

원작 다큐의 내용을 보다 충실히 책으로 묶은 이 책이 그러한 열기를 이었으면 하는 바람이다. 다섯 개의 수마다 얽힌 내력을 재미있게 좇다 보면 별 뜻 없이 익혔던 그 기호들이 어느덧 살아 움직이는 생명체로 느껴질 수도 있을 것이다. 이로써 수학이 수업 끝나는 종소리와 함께 덮어 버려도 좋을 세계가 아님을 알게 하는 것. 그 목적만 달성한다면 이 책을 펴내는 의의로는 충분하다고 할 수 있다. 나아가 이 진귀한 다섯 개의 수의 비밀을 찾고자 했던 천재 수학자들의 광기 어린 도전과 좌절, 수들의 경이로운 탄생과 성장의 드라마를 통해 수학의 아름다움을 맛볼 수 있다면 더할 나위가 없으리라.

하늘의 수
π

3.1415926535897932384······ 초월의 이름을 파이라 부른다. 우리는 파이로 엔진도 만들고, 지구 둘레도 계산하고 인공위성도 돌린다. 소수점 아래 15자리 정도면 이 모든 것을 해결할 수 있지만, 슈퍼컴퓨터를 동원해 파이 값을 찾으려는 노력은 여전히 계속되고 있다. 무한히 이어지되 인간의 손 너머로 끝없이 초월하는 수. 거기엔 대체 어떤 매력이 있기에 이런 노력들을 기울이는 것일까.

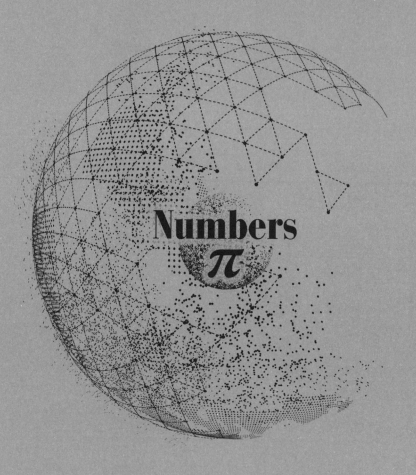

Numbers
π

두 남자가 마주 보고 서 있다. 한 사람은 주 문왕의 아들이자 주나라 건국시조 무왕의 동생인 주공(周公)이다. 공자조차도 "오랫동안 꿈에서 주공을 뵙지 못했다."며 "나도 이제 늙어 버렸다."고 탄식할 만큼 존경했던 인물 주공. 그 앞에 마주 본 이는 바로 전설 속 산술의 대가로 알려진 상고(商高)다.

주공이 상고에게 질문 하나를 던진다.

"하늘은 계단을 밟아 오를 수가 없고, 땅은 자를 얻어 잴 수가 없소. 그 수들은 어디서 나온 것이오?(夫天不可階而升, 地不可得尺寸而度, 請問數安從出)"

인간은 하늘에 오를 수 없다. 드넓은 땅을 잴 만큼의 큰 자를 가질 수도 없다. 여기서 말하는 '그 수'란 하늘과 땅의 운행 질서를 지칭하는 '언어'다. 땅에 매여 있는 존재 중 하나인 인간이 관연 수천수만 리나 되는 하늘과 땅의 비밀을 알 수 있을까? 주공의 호기심은 거기에 있었다. 그런데 상고의 대답이 조금 의외다.

"그 수들의 법은 원과 정사각형으로부터 나왔는데, 원은 정사각형으로부터 나오고, 정사각형은 곡척으로부터 나오며, 곡척은 9×9=81로부터 나온 것입니다.(数之法出于圆方, 圆出于方, 方出于矩, 矩出于九九八十一)"

찬찬히 음미해 봐도 그리 간단해 보이지만은 않다. 높은 하늘, 넓은 땅이 'ㄱ' 자 모양의 곡척(曲尺) 하나만 있으면, 그리고 구구단만 알면 잴 수가 있다는 얘기다. 대체 이게 무슨 말인가.

이 수수께끼 같은 답에서 우리는 기하학의 기본 도형인 원과 정사각형을 만난다. 그것이 상징하는 것은 무엇인지, 그리고 인간이 하늘과 땅을 재기 위해 어떻게 그 형상에 닿게 되었는지, 그 여정을 따라가 보자. 그 과정에서 우리는 두 도형이 만나 이뤄내는 비밀스런 언어를 만나게 될 것이다. 그 여정의 시작은 주공과 상고의 나라, 중국이다.

천지를 재어 시간을 얻다

황제는 왜 시간을 지배했을까?

중국과 키르기스스탄, 우즈베키스탄, 카자흐스탄 4개국에 걸쳐 있는 톈산산맥의 동쪽. 세상 끝에 지옥이 있을 거라 믿었던 시대의 사람들은 여기에서 진짜 불지옥을 봤을지도 모른다. 한여름에는 70~80도까지 올라가는 붉은 산이 있고, 모래바람 흩날리는 사막도 펼쳐진다. 당나라와 아랍의 상인들은 이 건조하고 척박한 불모의 땅을 건너 비단과 향로를 팔러 다녔다. 여기는 중국의 서쪽 변방인 신장 웨이우얼 자치구, 땅의 끝이다. 바로 이곳 투루판에서 우리는 아스타나 고분군을 만나게 될 것이다.

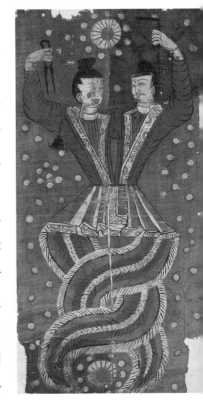

아스타나Astāna는 위구르어로 '휴식의 장소'라는 뜻이다. 고창국과 당나라 귀족들이 500년간 이 땅을 공동묘지로 쓴 것을 보면 그 휴식이란 아마도 삶이 끝나야 얻을 수 있었던 게 아닌가 싶다. 여기에서 발굴된 무덤 가운데 한 곳에서 아주 귀한 그림이 하나 나왔는데, 널리 알려진 「복희여와도(伏羲女渦圖)」가 그것이다. 그러나 지금 이 그림을 만나려면 한국의 국립중앙박물관을 찾아가야 한다. 1910년대 초 일본의 승려 오타니가 투루판에서 약탈해 온 유물 목록에 끼어 있다가, 일본의 한 재벌이 조선총독부에 뇌물로 넘기는 등 여러 손을 거쳐 여기까지 온 것이다.

그림을 가만히 들여다보면 뱀의 다리를 서로 꼬고 하나의 치마를 입은 두 존재가 어깨동무를 하고 있다. 복희와 여와, 이들은 중국 신화 속에 등장하는 창조신들이다. 해, 달, 별도 함께 만든 이 신들은 손에 무언가를 들고 있는데, 오른쪽 복희의 손에는 '구(矩)'라고도 불리는 직각 자(곡척)가, 왼쪽의 여와에게는 '규(規)'라고 불리는 컴퍼스가 쥐어져 있다. 만물을 창조한 이들이 가진 도구가 왜 하필 자와 컴퍼스일까?(오늘날 '구'와 '규'는 법(法)을 뜻하는 의미로 쓰이는데, 공자의 "종심소욕불유구(從心所慾不踰矩)"나 "규정, 규칙, 규약" 등에서 그 쓰임을 알 수 있다.) 중국인들은 그것들로 표현되는 형상 속에 만물의 근원적 생성 원리가 담겨져 있다고 생각했기 때문이다. 그리고 나중에 살펴보겠지만, 그것은 '시간'과도 관계가 있다.

지금으로부터 2000년도 훨씬 더 전의 시공으로 돌아가 보자. 권력이 오직 한 사람에게만 있던 시절, 중국 황제에게는 시간과 관련해 아주 중요한 임무가 있었다. 1년의 마지막 달, 대륙의 추위가 기승을 부릴 무렵이면 온

나라 제후들이 황제의 마당에 모였다. 이날 황제가 실행할 임무는 아주 중요한 국가적 대사였다.

북풍이 몰아치는 명당(明堂) 앞마당에 제관들이 두 줄로 길게 늘어서 있다. 어디선가 둥둥 울리는 북소리. "입장!" 제의를 진행하는 제관의 구령에 맞춰 성문이 열린다. 앞장 선 제관의 행렬 뒤로 황금고삐를 쥐고 따르는 황제가 있다. 고삐에 묶인 황소가 기둥에 묶이면, 제관 하나가 두 손으로 날카로운 단검을 받들고 다가선다. 칼을 넘겨받은 황제의 표정은 자못 엄숙하고 단호하다. 잠시의 정적 뒤, 이윽고 칼날의 섬광이 허공을 가른다. 꿈틀거리는 황소! 단말마의 비명이 어느새 피가 되어 허공으로 치솟는다.

희생물의 피와 귀털이 담긴 쟁반이 명당을 향한다. 황제는 그곳에서 선조에게 제물의 피를 바치고 그 귀털과 쑥과 창자를 태워 번제(燔祭)를 올린다. 이 모든 일이 끝나면 천문 관리 하나가 황제를 배알할 터인데, 그가 군주에게 바치는 것은 다가올 새해의 달력이 적힌 죽간(竹簡)이다. 이날 황제가 제후들에게 나눠 주는 것은 바로 '시간'이었다.

주나라 시절, 매년 섣달이면 이듬해 사용할 역(曆, 달력)을 황제가 제후들

에게 반포하는 국가적 행사가 치러지곤 했다. 이를 '달력(朔)을 반포(頒布)한다.' 하여 반삭(頒朔)이라 불렀다. 그때는 요즘처럼 쉽게 달력을 구할 수 있는 시절이 아니었다. 시간을 지배하는 것은 오롯이 '하늘의 아들(天子)'이라 일컬어지는 황제의 권한이었으며, 그는 해마다 달력 반포를 통해 자신이 지배하는 공간에 단일한 시간의 질서를 부여했다. 그러므로 일개 제후가 사적으로 역을 만든다는 것은 황제의 권력에 맞서는 반역 행위였다.

왜, 황제에게 시간의 지배가 필요했을까? 가장 큰 이유의 하나는 농사였다. 계절에 맞춰 씨를 뿌리고 거둬들이는 것은 농업이 국가 운영의 근간이던 당시 너무나 중요한 일이었으며, 황제가 해와 달과 별을 포함한 하늘의 역도(曆度)를 알아야 하는 절대적인 이유였다.(역도란, 천구가 한 바퀴 회전했을 때의 날수를 말한다. 조선 세종 때 엮은 『칠정산(七政算)』 '내편' 하권에는 역도가 365도 25분 75초로 기록돼 있다.) 그래서 인간은 하늘을 살폈다. 하늘을 오랫동안 바라보고, 그 속에서 규칙을 찾아낸 것이다. 천구(天球)의 운행주기와 계절의 변화, 통틀어 우리가 '시간'이라 부르는 것의 본질이 거기에 있었다.

우리는 시간에 쫓기며 산다. 아니, 쫓기며 산다기보다는 우리를 둘러싼 규칙의 질서 아래에서 산다고 보는 것이 맞을 것이다. 사방에 있는 규칙들, 그것이 우리의 문명을 세웠다. 그리고 이 모든 것의 시작은 바로 시간의 규칙을 정하는 데서 비롯되었다.

가장 오래된 중국의 천문서를 보면 고대의 중국인들이 시간의 규칙을 만든 과정이 나와 있다. 기원전 1세기경에 정리된 것으로 알려진 『주비산경(周髀算經)』. 여기서 우리는 앞의 「복희여와도」에 나타난 도구들, 곧 자와 컴퍼스가 상징하는 우주적 의미를 다시 대면하게 된다. 중국사회과학원의 풍시 교수는 그 도구들이 가리키는 형상의 의미를 다음과 같이 설명하고 있다.

『주비산경』

"소위 '규칙(規則)'이라는 것. 이 규칙이 없으면 방원(方圓), 즉 사각형과 원이 안 된다고 해요. '규(規)'를 이용해 원을 그리고 '칙(則)'을 이용해 사각형을 그립니다. 이 원과 사각형이 표현하는 것이 바로 하늘과 땅이에요."

만물에 내재한 질서를 알고 싶었던 인간은 끊임없이 하늘의 운행과 땅의 변화를 살폈고, 그 속에서 '시간'이라는 문명의 질서를 세울 수 있었다. 자와 컴퍼스. 정사각형과 원. 이것은 자연의 신비로 다가서던 고대 중국인들이 표현해 낸 궁극의 언어가 아니었을까.

하늘과 땅을 재는 법

『주비산경』은 하늘과 땅이 어떻게 생겼고, 해와 달과 별이 어떻게 움직이는가를 설명한 천문 산학서(算學書)다. 주공과 전설 속 인물인 상고의 가상 대화로 시작되는 첫머리를 기억하는가.

"대부가 수에 능하다는 말을 들었소. 청컨대, 옛날에 포희가 하늘 둘레의 역도를 세운 것에 대해 묻고자 하오. 하늘은 계단을 밟아 오를 수가 없고, 땅은 자를 얻어 잴 수가 없소. 그 수들은 어디서 나온 것이오?(昔者周公問於商高曰, 竊聞乎大夫善數也, 請問古者庖犧立周天歷度, 夫天下不可階而升, 地不可得尺寸而度, 請問數安從出)"

하늘 둘레의 역도를 세웠다는 포희(庖犧)는 우리가 앞에서 만난 중국 창세신화의 주인공 복희다. 주공의 호기심은 충분히 이해가 된다. 신이 창조한 천지 운행의 신비를 한낱 인간이 어떻게 수로 표현할 수 있다는 것인가. 이에 대한 상고의 답변도 다시 음미해 보자.

"그 수들의 법은 원과 정사각형으로부터 나왔는데, 원은 정사각형으로부터 나오고, 정사각형은 곡척으로부터 나오며, 곡척은 9×9=81로부터 나온 것입니다.(数之法出于圆方, 圆出于方, 方出于矩, 矩出于九九八十一)"

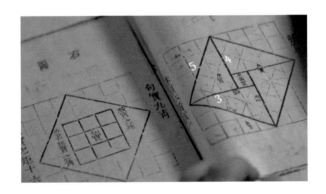

수수께끼 같은 말에 더 이상 머리를 싸매지 말고 풍시 교수의 도움을 받는 게 어떨까. 상고의 답변이 가리키는 핵심은 바로 이것이다.

"『주비산경』에 따라 곡척을 접으면 밑변 3, 높이 4, 빗변은 5가 됩니다. 3, 4, 5는 가장 작은 구고현(句股弦) 값입니다. 뒤이어 완전한 증명이 나오죠."

높이를 구(句), 밑변을 고(股), 빗변은 현(弦)이라고 한다. 구와 고가 각각 4와 3이고 현이 5인 삼각형. 어딘지 아주 낯익지 않은가? 그렇다, 피타고라스 정리다! 이 말은 고대 중국인이 그리스인보다 이미 수백 년 전에 '구고현 정리'를 발견했음을 의미한다. 서양에서도 그렇지만 중국에서도 가장 기본이 되는 이 법칙을 『주비산경』에서는 어떻게 증명하고 있을까?

밑변이 3 높이가 4인 직각삼각형이 있다. 이 삼각형은 가로가 3이고, 세로가 4인 직사각형의 절반. 그러므로 직각삼각형의 넓이는 직사각형 넓이, 3×4=12의 절반인 6이다.

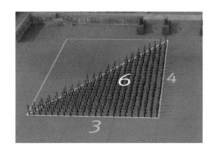

이제 똑같은 직각삼각형을 세 개 더 만들어 붙이면 이렇게 정사각형이 만들어진다. 그 넓이는 6+6+6+6+1=25. 이것은 처음 직각삼각형의 빗변을 한 변으로 하는 정사각형의 넓이다. 그 넓이가 25이므로 한 변은 5. 따라서 밑변 3, 높이 4인 저 직각삼각형의 빗변은 5가 되는 것이다. 이로써 구고현 정리의 증명이 끝났다.

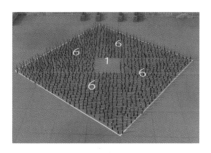

태양의 궤도를 시간으로 바꾸다

구고현 정리는 단순한 기하학 원리만은 아니었다. 고대 중국인들은 이것으로 땅뿐만 아니라 하늘을 재기도 했다. 하늘이 내어 주는 작은 기미들을 끈질기게 살피던 그들은 그 움직임을 땅에다 옮겨 놓았다. 이때 사용한 긴 나무 막대기를 주비(周髀)라고 한다.

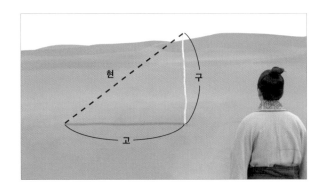

나무 막대기를 땅에 세워 태양의 그림자를 측정하는 것이다. 이때 세운 막대기가 '비(髀)'다.『주비산경』에는 "천문관측으로 얻은 수들이 주나라에서 온 것이고, 비는 막대기"라고 하는 설명이 나온다. 사람들은 구고현 정리에 따라 비를 '구'로 삼고, 땅에 드리운 비의 그림자를 '고'로 삼았다. 이 둘을 연결한 것이 현이다. 그들은 이렇게 해서 주비와 태양까지의 거리를 쟀다.

위 그림을 보라. 8자(尺), 즉 180cm 주비를 꽂으면 저절로 직각삼각형이 만들어진다. 구고현의 '구'다. 그리고 해에 비친 주비의 그림자는 '고', 여기에 빗변을 그으면 '현'이 된다. 이를 설명하기 위해 풍시 교수가 케이크 하나를 가져왔다.

"이 양초를 주비라고 가정해 보죠. 그리고 하짓날 정오 때 주비의 그림자가 1.6자라고 칩시다. 이 막대를 하늘로 1만 배 연장시키고 그림자의 끝도 연장시키면 거꾸로 된 직각삼각형이 만들어지겠죠? 그럼 거꾸로 된 직각삼각형의 '고'가 생길 텐데, 그 길이는 땅에 있는 '고'의 1만 배예요. 그림자가 1.6자니까 위의 길이는 1만 6000리가 되겠죠. 이 공식을 통해 하짓날 정오 때 태양의 위치를 측정할 수 있었습니다."

같은 방식으로 해가 가장 낮게 뜨는 동지 때, 또는 춘분과 추분 때에도 1년 365일 주비의 그림자를 쟀다. 그렇게 해서 태양의 위치를 알고, 태양까지의 거리를 계산할 수 있었다. 이처럼 하늘을 재고 땅을 재면서 고대 중국인들은 우리에게 아주 익숙한 어떤 도형들을 떠올리기 시작한다. 다시, 상고가 말한다.

"정사각형은 땅에 속하고, 원은 하늘에 속하는데, 하늘은 둥글고 땅은 반듯하기 때문이지요.(方屬地, 圓屬天, 天圓地方)"

하늘은 둥글고 땅은 네모라는 생각. 고대 중국의 대표적 우주관인 개천설(蓋天說)의 핵심이다. 당시 사람들이 잰 둥근 하늘은 얼마만한 크기였을까? 하지 때 지구 중심에서 태양에 이르는 거리는 11만 9000리였다. 그리고 태양이 하늘을 한 바퀴 도는 거리가 71만 4000리. 이 원둘레를 지름(119000×2)으로 나누니 3이라는 비율이 나온다. 수치는 다르지만 동지 때의 비율도 같았다.

물론 그들이 구한 하늘의 역도가 현대의 기준으로 볼 때 매우 부정확한 수치이기는 하다. 태양과 지구 사이의 거리가 하지 때(11만 9000리) 5만km가 채 안 된다니! 오늘날 국제천문연맹(IAU)이 밝힌 1억 4959만 7870.7km와는 엄청난 차이가 있는 게 사실이다. 하지만 수치는 달라도 그것은 측량의 문제였을 뿐 원리는 다르지 않다. 고대 그리스의 아낙사고라스도 태양이 "펠로폰네소스 반도보다 큰 크기의 불타는 돌덩이"라고 하지 않았던가. 중요한 것은 고대 중국인들이 구고현 정리라는 수학 원리를 이용해 하늘의 질서를 알고자 노력했다는 점이다.

하늘의 원, 땅의 네모를 만나다

원과 정사각형. 고대인들은 하늘과 땅을 상징하는 두 개의 도형이 천지의 근원적 형상이라고 여겼다. 세상을 창조한 여와와 복희의 손에 컴퍼스와 곡척이 들려 있던 까닭이다. 그런데 '원이 정사각형에서 나왔다.'는 상고의 말을 따르자면 둘 사이에는 어떤 관계가 있어야 한다. 아니나 다를까, 『주비산경』에 그 말이 나온다.

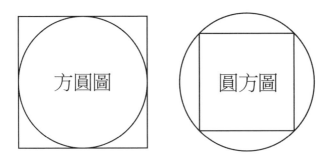

"정사각형을 다듬으면 원이 되고, 원을 헐어 내면 정사각형이 됩니다.(或毁方而爲圓, 或破圓而爲方)"

그들은 정사각형 안에 원이 있으면 방원도(方圓圖), 원 안에 정사각형이 있으면 원방도(圓方圖)라고 불렀다. 원 안의 정사각형을 조금씩 늘여 보고, 원 밖의 정사각형은 조금씩 줄여 보자. 한쪽을 늘이고 다른 한쪽을 줄이다 보면 정사각형의 크기가 원과 같아지는 '순간'이 있지 않을까? 고대인에게 원은 정사각형에 기대지 않고는 측정하기 힘든 대상이었다. 원과 정사각형의 일치, 이는 인간에게 오래도록 난해한 골칫거리로 남을 문제였다.

하늘을 알아 땅의 규칙을 세우는 일. 이것은 하늘과 땅의 만남이다. 달력을 반포하기 전에 천자는 '하늘의 시간을 인간에게 주는' 커다란 제의를 올렸다. 이제 그의 백성들은 새해의 파종 시기와 조상의 제삿날을 알 수 있게 됐다. 이로써 하늘이 내린 예의와 법도가 이 땅에 서게 된 것이다. 그러므로 천자가 달력을 제후들에게 반포하는 반삭 의식은 그가 완벽한 하늘의 이치를 땅에 실현시키겠다는 맹세에 다름 아니었다. 이 의식에서 순결한 제물을 봉헌하면 하늘의 수를 알기 위한 사람의 일도 끝이 난다. 이 순간, 둥근 하늘은 자신을 헐어 정사각형의 땅에, 땅은 또 땅대로 스스로를 다듬어 둥근 하늘을 향하고 있지 않았을까.

주나라가 세워진 때는 대략 기원전 11세기였다. 그런데 주공의 시절로부터 500~600년이 지나면, 중원에서 서쪽으로 한참 떨어진 그리스에서 우리는 원과 정사각형에 몰두한 또 하나의 인물과 마주하게 된다. 널리 알려진 대로 그리스인은 아주 깐깐한 정신의 소유자들이었다. 공리에 따라 논증되지 않은 명제는 결코 수학적 진리로 받아들이려 하지 않았으니 말이다. 그런 엄격함으로 그들은 또 어떻게 원과 정사각형을 마주했을까 궁금하지 않은가. 이제 서구 문명의 시원을 향해 나아갈 차례다. 지중해 푸른 물결이 벌써 출렁이는 듯하다.

수학에 스스로 갇힌 그리스인들

그들이 공리에 집착한 이유

아테네의 아크로폴리스. 고대 그리스의 모든 지성들은 이곳에 모여 우주와 인간의 문제에 대해 고민했다. 여기에 서서 그들이 했던 고민을 떠올리는 것은 수학자로서 아주 자연스러운 일이다. 저만치, 아테나 여신에게 바쳐진 파르테논 신전도 보인다. 그리스인의 논리만큼 견고하고 아름다운 건축

물이다. 한 치의 오류도 허용하지 않겠다는 듯 이 오랜 대리석 구조물은 단단한 공리 위에 세워져 있다.

'두 점을 이으면 직선이다.'

이런 자명한 공리 위에 오직 자와 컴퍼스만 가지고 하나씩 차곡차곡 쌓아 올린 것이 그리스식 논리였다. 엄격하고 정밀한 세계. 수학자라면 기꺼이 들어가고 싶은 감옥일 것이다.

"그리스인의 강박관념을 잘 보여 주는 것이 바로 자와 컴퍼스입니다. 왜 자와 컴퍼스만 사용해야 했느냐? 경제적이며, 공리에 있어 효과적이기 때문입니다. 그들은 자와 컴퍼스만 이용해 기하학적 건축물을 만들 줄 알았고 다른 흥미로운 건축물도 만들고 싶어 했습니다."

푸앵카레연구소 소장인 세드릭 빌라니 교수의 말처럼 수학을 대하는 그리스인의 집착은 아주 유명했다. 수학은 모든 학문의 시작이었으며, 그들에게 수학은 곧 기하학이었다. 아카데미아를 세운 플라톤은 교문에 이런 엄포까지 써 놓았다지 않는가. "기하학을 모르는 자, 이 문에 들어서지 말라."

자와 컴퍼스만을 이용한 작도법은 플라톤으로부터 영향을 받은 것이라 전해진다. 그러나 우리가 아무리 자와 컴퍼스만으로 정밀하게 작도하더라도 결코 완벽한 도형을 그릴 순 없다. 유클리드는 "선(線)이란 폭이 없는 길이"라고 말했지만 실제로 연필로 선을 그리면 폭을 가진다. 이처럼, 정의(定義)된 개념으로서 '이상적인 차원'의 선과 '현실'의 선은 엄밀히 말해서 다르다. 그렇다면 대체 자와 컴퍼스만으로 작도하는 것은 어떤 의미를 가지며, 왜 그리스인은 거기에 그리도 집착을 한 것일까. 빌라니 교수는 기하학을 완전한 진리 위에 세우고 싶어 한 그리스인의 열망을 이유로 든다. 완전한 기하학. 그들은 그것을 '증명이 필요 없는 자명한 진리'인 공리(公理) 위에 세워야만 한다고 믿었으며, 자와 컴퍼스로 그릴 수 있는 도형만이 이러한 공리를 만족시킬 수 있었다는 것이다.

1. 두 점을 연결하는 선분을 그릴 수 있다.
2. 선분은 그 양쪽으로 얼마든지 연장할 수 있다.
3. 임의의 점을 중심으로 하고, 임의의 반지름을 갖는 원을 그릴 수 있다.
4. 모든 직각은 서로 같다.
5. 주어진 직선 밖의 한 점에서 그 점을 지나고 주어진 직선에 평행인 직선이 오직 하나 있다.

한편, 작도할 때에는 반드시 '눈금이 없는' 자만을 써야 했다. 눈금은 곧 측량을 의미하는데, 인간이 하는 측량은 언제나 불완전하다는 이유 때문이었다. 게다가 지식을 탐구하며 노동을 천시한 그리스인(시민)에게 측량은 노예들의 일일 뿐이었다.

원과 같은 정사각형을 작도하라

세상 사람들은 아테네의 소피스트였던 그를 아낙사고라스라고 불렀다. 그는 참 반골 기질이 다분했던 인물이었다. 동시대인들이 하늘에서 신과 영혼을 보던 시절, 그는 우주 또한 돌과 흙 따위의 물질로 이뤄진 것일 뿐이라 주장했다. 숭고한 태양마저 불타는 돌덩어리라 했으니 불경죄야 따 놓은 당상이 아니겠는가. 하지만 감옥 창살도 만물의 이치를 깨닫고자 하는 집념을 막을 순 없었다. 아낙사고라스는 그리스에서 최초로 자와 컴퍼스만으로 원과 같은 넓이의 정사각형을 작도하는 데 도전한 인물이었다. 이름 하여 '원적문제'다.

"고대 기하학에서 아주 유명한 문제였어요. 기하학 원리에 따라 원과 같은 넓이의 정사각형을 자와 컴퍼스로만 그려 내야 했죠."

빌라니 교수의 설명을 조금 보충하자면 이렇다. 여기, 원에 내접하는

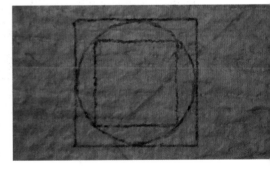

정사각형이 있다. 이것은 원보다 작다. 그리고 원에 외접하는 정사각형을 그려 보자. 당연히, 원보다 크다. 그렇다면 이 두 경우 사이의 어디엔가는 원보다 작거나 크지 않고 '똑같은 넓이가 되는' 정사각형도 있을 것이다. 그것을

찾아내 자와 컴퍼스만으로 작도하는 것이 원적문제의 핵심이었다.

　문득, 『주비산경』에서 상고가 했던 말이 떠오르지 않는가? "정사각형을 다듬으면 원이 되고, 원을 헐면 정사각형이 된다." 어쩌면 이렇게나 동서양이 비슷한가. 확실히 하늘은 원이고 땅은 네모라고 생각하는 사람이 빠질 만한 문제다. 나중에 이 문제는 아낙사고라스보다도 더 유명해지게 되지만, 감옥에 갇혀서도 답을 구했던 그의 노력은 아쉽게도 보상을 받지 못했다.

　원은 곡선, 정사각형은 직선으로 이루어진다. 그러므로 원과 같은 넓이의 정사각형을 작도하라는 것은 직선으로 곡선을 알아내라는 요구였다. 그런데 그것이 터무니없는 일만은 아니었다. 키오스의 히포크라테스가 이미 가능성을 보여 줬기 때문이다.('의술의 아버지'로 불리는 인물과 동명이인인 수학자다.) 아낙사고라스의 동시대 후배였던 그는 원적문제와 씨름하던 그리스 수학자들에게 희망의 빛을 던져 주었다. 바로 그 유명한 '히포크라테스의 초승달'을 통해서 말이다.

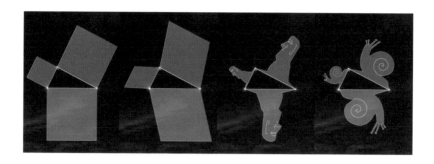

　피타고라스 정리에 따라 직각삼각형의 짧은 변 2개로 만든 넓이는 빗변으로 만들어진 넓이와 같다. 다양한 모습으로 변해도 위 2개의 넓이는 아래 1개의 넓이와 같고, 그것은 다음처럼 반달의 경우에도 마찬가지다.

여기에서 가장 큰 반달을 위로 올린 다음 3개의 반달이 겹치는 부분을 빼 보자. 2개의 작은 반달을 합친 넓이가 아래의 반달과 같았으므로, 겹치는 노란 부분을 빼면 남은 부분의 넓이도 같아야 한다. 따라서 2개의 작은 반달에서 남은 부분의 합은 아래 직각삼각형과 넓이가 같다.

히포크라테스는 직선 도형을 이용해서 최초로 곡선 도형의 넓이를 구한 인물로 알려져 있다. 원적문제의 실마리가 풀린 것이다. 당시의 그리스인들은 아마도 이 증명 이후로 '원과 같은 넓이의 정사각형'을 구하는 일도 쉽게 해결될 것이라 여겼을지 모른다. 이 문제가 2000년 넘게 풀리지 않을 수학의 골칫거리가 될 거라 생각한 이가 몇이나 됐겠는가.

조금 덜 수학적인 해결법

이집트의 원적문제, 고대 문명의 첫 번째 시도

원과 정사각형이 수학에서 그렇게나 중요한 도형들이라면, 당연히 그리스 이전의 문명에서도 관심을 기울였을 터. 특히 그리스 수학에 많은 영향을 준 고대 이집트라면 말이다. 그 증거가 영국 대영박물관의 파피루스 문서에 보존돼 있다. 이집트 사제(서기) 아메스가 필사한 3600년 전의 이 수학 문제집에 그려진 도형은 분명히 원과 정사각형이다.(48번 문제)

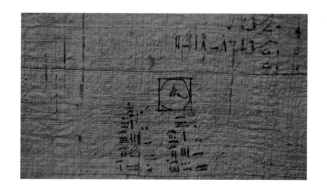

그 밑에 적힌 암호 같은 문자들은 고대 이집트의 사제들이 쓰던 신관문자Hieratic로서, 우리에게 익숙한 신성문자Hieroglyph를 간략화한 서체다. 48번 문제에 적힌 내용은 어떤 숫자들을 나타내고 있다. 그것을 현대적으로 쓰면 이렇다.

1	Setat 8	1	Setat 9
2	1 Setat 6	2	1 Setat 8
4	3 Setat 2	4	3 Setat 6
8	6 Setat 4	8	7 Setat 2

세타트Setat는 '10배'를 뜻하는 단어. 따라서 1 Setat 8은 1×10+8, 즉 18이고, 그냥 Setat 8은 0×10+8, 즉 8이다. 이 규칙에 따라 배열표를 요즘의 십

진법 체계로 다시 고쳐 보자.

1	8	1	9
2	16	2	18
4	32	4	36
8	64	8	72

이 숫자의 배열은 어떤 '비율'을 암시한다. 무엇일까. 주어진 그림이 원과 정사각형이므로 여기에 관계돼 있다는 것은 눈치 챌 수 있다. 가만히 들여다보면 하나의 규칙이 발견된다.

1, 8, 9

2, 16, 18

4, 32, 36

8, 64, 72

워릭대학 수학과 이언 스튜어트 교수는 이것이 고대 이집트인들이 생각한 원과 정사각형의 비율이었다고 말한다. 무슨 뜻이냐 하면, 지름이 9인 원은 변의 길이가 8인 정사각형과 넓이가 같다는 것이다. 지름이 9일 경우 1을 빼서 한 변을 8로 하는 정사각형을 만든다. 4:32:36이든 8:64:72든 크기는 달

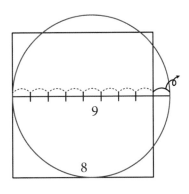

라도 비율은 똑같다. 모두 1:8:9이기 때문이다. 스튜어트 교수의 말처럼, 고대 이집트인들은 원의 넓이를 알 수 없었기 때문에 이처럼 정사각형으로 변환해서 풀었다.

"원과 정사각형의 넓이는 변할 수 있지만 지름과 변의 비율은 변하지 않죠. 이집트인들은 어떤 원을 마주해도 그런 방식으로 넓이를 구한 겁니다."

그러나 그들의 정사각형은 정확히 원에 일치하지 못했다. 1:8:9에서 정사각형 넓이는 64. 현대적 계산법으로 따진 원의 넓이는 약 63.6이다. 원과 정사각형의 넓이 사이에 난 오차를 없애는 일은 그리 만만한 것이 아니었다. 근사치에 이른 것은 대견하지만, 원의 넓이와 같은 정사각형을 구하려는 고대 문명의 첫 번째 시도는 실패였다.

다빈치가 들여다본 원적문제

원적문제의 역사에서 이만큼 독창적인 인물이 또 있을까. 15세기에 이 문제는 굉장한 도전자를 만나게 된다. 르네상스 시대의 괴짜 천재, 바로 레오나르도 다빈치다. 그를 뭐라고 불러야 할까. 과학자? 화가? 어쨌든 한 마디로는 다 설명할 수 없는 복잡다단한 인물이었다. 그런 그가 원과 같은 넓이의 정사각형을 작도하는 데 사용한 방식은 매우 참신한 것이었다. 물론 아주 수학적이라고까지는 말할 수 없어도.

먼저 그가 그린 아주 유명한 그림 하나를 소개한다. 팔과 다리를 쭉 뻗고 선 '비트루비안 맨Vitruvian Man'이다. 흔히들 인체비례도로 알고 있는 만큼 우리는 그림 속의 남자에게만 주의를 기울여 왔다. 그래서 못 본 것이 있다.

레오나르도 다빈치는 왜 여기에 원과 네모를 그려 넣었을까? 그림 상단의 메모에서 단서를 찾아보자. 누가 괴짜 아니랄까 봐 글자를 뒤집어 써 놓은 통에 거울에 비춰 봐야 읽을 수 있다.

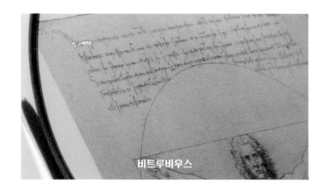

첫 줄에 비트루비우스라는 이름이 눈에 들어온다. 미치광이 같던 그는 시저의 공병대장을 지낸 로마 제정시대 건축가였다. 레오나르도는 그가 남긴 『건축 10서』에 빠져들었다. 현재 고대 건축에 관해 유일하게 남아 있는 『아레초 배경 건축서』(이탈리아 피렌체국립도서관 소장)에서 비트루비우스의 세계를 만날 수 있다. 그는 우주의 원리가 인간 안에 있기 때문에 아름다운 건축물을 지으려면 인체의 비율을 따라야 한다고 말했다. 인간을 눕혀 놓고 신체 비율을 연구했는데, 우주를 상징하는 완벽한 원과 그것을 보완하는 사각형으로 표현했다.

인간은 아름다운 비례로 이루어져 있다는 관점은 곧 레오나르도의 마음을 완전히 빼앗아 버린다. 사실 인간을 원과 네모 안에 집어넣는 시도는 꾸준히 있었다. 하늘과 땅의 중심에 신이 있는가, 혹은 인간이 있는가. 이건 세계관을 묻는 문제였다.

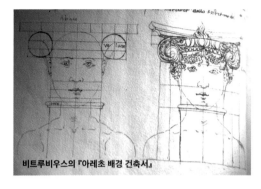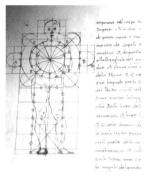

비트루비우스의 『아레초 배경 건축서』

인간이 중심이었던 르네상스 시대. 레오나르도 다빈치도 이에 도전했다. 비트루비우스와 달리 그는 누워 있던 모델을 입체적으로 일으켜 세웠다. 그리고 모델의 팔다리를 사방으로 휘두르게 하여 실제 길이를 일일이 재며 기록해 나갔다. 『건축 10서』 원문의 미심쩍은 곳은 고치고 모호한 부분은 추리를 통해 보완했는데, 그 모든 과정을 그는 꼼꼼하게 기록했다. 그의 작업 노트인 '마드리드 코덱스Codex Madrid'에 적힌 구절을 보자.

"손바닥을 편 길이는 키의 10분의 1이 되어야 한다.
발바닥에서 무릎 관절 아래까지의 길이는 키의 4분의 1이다.
턱 끝에서 정수리 끝까지 머리 길이는 키의 8분의 1이다."

그가 직접 측정한 인간은 이전에 나온 방식과는 아주 달랐다. 배꼽을 하늘의 중심으로 해서 원을 그리고, 성기를 땅의 중심으로 삼아 네모를 그렸다. 사람의 키는 두 팔을 벌린 길이와 같다. 원과 정사각형의 바닥을 맞추면 두 사람이 겹친다. 르네상스의 인간형, 비트루비안 맨은 이렇게 탄생한 것이다.

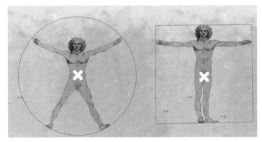

천재 과학자답게 그는 하늘과 땅이 같다는 사상을 그림으로 보여 주고 싶었다. 실제로 그는 여러 밤을 원과 네모의 문제에 빠져서 보냈다. 때로는 수학자의 도움을 받기도 하면서 2000년간 내려온 문제에 도전한 것이다.

그러고는 땀과 열정을 기울인 끝에 마침내 성공을 자신한 순간 레오나르도는 이런 낙서를 남겨 놓는다.

"성 안드레아의 날, 나는 원적문제의 답을 찾아냈다. (중략) 내가 (이 문제에) 소비한 양초, 저녁 그리고 종이가 다해 가는 시점에서 답을 구한 것이다."

레오나르도의 방식으로 생각하면 어깨선을 중심으로 그린 원이 정사각형과 가장 비슷하다. 하지만 그 자신은 이 문제를 어떻게 풀었는지 명확히 밝히지 않았다. 후대 학자들이 넓이를 재 본 결과는 정사각형이 153.51

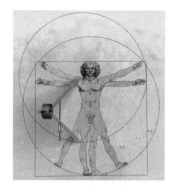

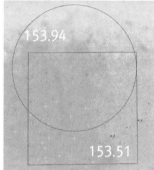

이었고 원은 153.94였다. 둘 사이의 비는 1:1.00280. 꽤나 정밀하지 않은가.

물론 정답은 아니었지만, 그래도 이것은 이때까지 한 인간이 닿을 수 있었던 가장 가까운 값이었다. 레오나르도는 과연 어떤 방법으로 원에 접근했을까? 방대한 양의 스케치를 그려 다양한 형태의 도형을 대입하면서 값을 얻어냈다고 하는데, 정확한 방법은 알 길이 없다. 듣기로는 누군가의 방법을 따랐다고도 한다. 하긴, 그 인물이 수천 년 수학의 역사에 남긴 업적을 보면 충분히 그럴 만도 하다. 이제, 그 소문의 주인공을 만나러 가 보자.

아르키메데스, 새로운 지평을 열다

고문서가 전해 준 비밀

1998년 뉴욕 크리스티경매장에 책 한 권이 선을 보였고, 익명의 인물이 200만 불(22억 원)에 샀다는 소식이 들려왔다. 그 책은 이듬해 볼티모어 월터스미술관의 고서복원가 윌리엄 노엘 박사에게 전달된다. 분명 레오나르도 다빈치도 그 책을 봤을 것이다. 그런데 고가의 물건치고는 그 상태가 무시무시하게 끔찍한 수준이었나 보다. 노엘 박사가 들려주는 첫 대면 당시의 기억이다.

"전에는 한 번도 본 적이 없는 종류의 책이었어요. 정말 상태가 끔찍했죠. 읽을 수가 없었습니다. 이런 필사본을 본 적이 없습니다. 보통 중세시대의 필사본은 동물 가죽으로 만들어서 굉장히 질기거든요. 하지만 이건 티슈 같았죠. 책을 살펴보는데 정말 겁나더라고요. 조각이 부서져서 제 손에 떨어지고 있었거든요."

그리스어 기도문을 베낀 필사본이었다. 한데 놀랍게도 그 밑에 또 다른 글이 숨겨져 있었다. 복기지(複記紙)였던 것이다. 노엘 박사는 말한다.

"기독교인들에 의해 수백 년 동안 숨겨져 온 복기지였어요. 그 내용이 얼마나 중요한지 그들도 알았던 거죠."

서기 940년 한 수도승이 자신이 아끼던 책 한 권을 손으로 베껴 썼다. 이미 그 이전부터 손에서 손으로 천년을 내려오던 책이었다. 하지만 그로부터 300년쯤 지나 한 신부가 이 글자들을 지워 버린다. 그는 그 위에 자신이 좋아하는 기도문을 옮겨 적었다. 그리고 근 800년의 시간이 흘러 이 고문서는 촛농과 아교가 잔뜩 묻은 채 어느 고서수집가의 손에 들어오게 된 것이다. 이것은 인류가 오랫동안 찾던 책이었다. 거기엔 고대의 한 천재가 남긴 수학 논문인 「원의 측정에 대하여」를 비롯한 여러 보물이 담겨 있었다.

불가능해 보이던 복원을 성공시킨 데에는 오랜 시간과 땀이 필요했다. 책 등의 아교와 접착제를 제거해 한 권을 낱장으로 분리하는 데만 4년이 걸렸다. 그다음 양피지 표면의 왁스를 긁어내고, 14개 파장의 빛으로 한 장 한 장 촬영을 해 나갔다. 얼마간의 성과가 있었다. 그러나 마지막으로 쓴 방법이 가장 효과적이었다. 스탠퍼드선형가속기센터SLAC의 입자가속기를 이용한 형광 엑스레이 촬영이었다. 엑스레이 광선이 잉크 속의 철 입자에 반응하며 보여 준 세계는 놀라웠다. 표면의 기도문을 뚫고 오랫동안 숨겨져 왔던 고대의 지혜가 서서히 그 모습을 드러냈던 것이다.

시라쿠사의 노수학자, "내 원에서 발을 떼라!"

욕조에서 부력의 원리를 발견하고, 기쁜 나머지 알몸으로 뛰쳐나와 "유레카Eureka!"를 외치던 사람, 아르키메데스. 그가 바로 「원의 측정에 대하여」를 쓴 주인공이다. 그는 시칠리아의 시라쿠사에서 태어났다. 로마의 문장가 키케로가 "가장 위대하며 가장 아름답다."고 찬탄했던 그곳에서 아르키메데스 과학박물관을 만날 수 있다. 친지아 비토리오 관장이 이 위대했던 천재의 발명품(복원물)들을 소개한다.

"특별히 저는 이 반사경을 보여 드리고 싶네요. 시라쿠사가 로마와 전쟁할 때 만든 것이죠. 로마 전함을 불태우기 위해 만들어진 아르키메데스의 발명품이었어요."

박물관 야외에는 그 외에도 많은 발명품들이 있다. 다연장 활도 있고, 이집트 유학 중에 만들었다는 나선식 펌프도 보인다. 낮은 곳에서 물을 끌어 올리는 기구로 농사지을 때 아주 요긴하게 쓰인 물건이다.

변방의 이 과학자는 자와 컴퍼스로 논리를 따지는 대신 직접 재고, 만들어 냈다. 그가 살던 시대에 시라쿠사는 로마군에게 여러 번 침공을 받았다.

작은 시라쿠사가 오래 저항할 수 있었던 이유의 하나로 그가 만든 무기를 꼽기도 한다. 뉴욕대학 찰스 세이프 교수는 이처럼 다재다능했던 인물에 대해 아낌없는 경의를 표한다.

"아르키메데스는 한 시대는 일찍 태어난 사람이었어요. 고대에서 가장 위

반사경

다연장 활

나선식 펌프

대한 물리학자이자 수학자였을 겁니다. 저는 그를 주로 수학자로 생각해요. 그는 수학 문제에 관심이 많았거든요. 예를 들면, 파이(π)란 무엇인가와 같은 것들이죠."

π는 그리스어로 둘레를 뜻하는 단어인 $\pi\epsilon\rho\iota\mu\epsilon\tau\rho\mathrm{o}\varsigma$의 앞 글자를 따서 부르기 시작한 것으로, 앞서 살펴본 원적문제와 관련이 깊다. 아낙사고라스가 처음 문제를 낸 이후 원적문제는 여전히 인기가 좋았다. 아르키메데스는 여기에 조금 다른 방식으로 접근한다. 원과 같은 넓이의 정사각형을 자와 컴퍼스만으로 작도하는 데 매달리지 않고 원의 넓이를 구하는 일에 집중한 것이다. 그리스 중심에서 멀리 떨어져 있어선지 그에게는 깐깐한 본토인들이 보여 주는 자와 컴퍼스에 대한 강박이 없었다. 그는 연구 끝에 다음과 같은 주장을 내놓았다.

"원의 넓이는, 밑변이 원둘레와 같고 높이가 반지름과 같은 직각삼각형의 넓이와 같다."

그의 방식을 따라가 본다. 먼저 원을 네 조각을 내어 펼치자.

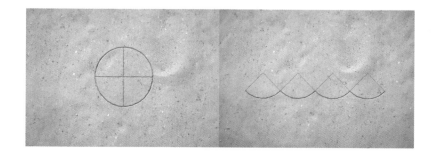

그와 똑같은 모양을 위에 끼워 맞춘다. 두 개의 원을 위아래로 붙인 셈이다.

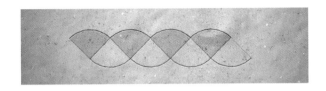

이 원을 계속해서 더 잘게 조각낸다. 처음의 **부채**꼴은 잘게 쪼갤수록 점점 더 직선에 가까워진다. 그러다가 마침내 직사각형에 아주 가까운 도형이 될 것이다.

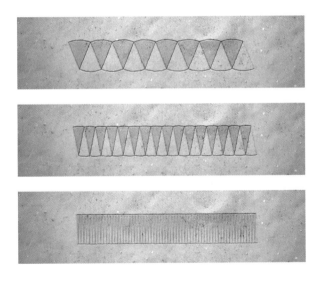

여기에서 직사각형의 절반인 직각삼각형은 원 하나의 넓이와 같다. 그리고 원둘레가 바로 직각삼각형의 밑변이다. 앞서 복기지에서 본 다음과 같은 형상이 기억나는가.

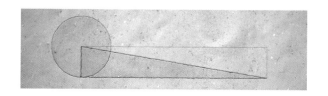

　원의 문제를 직각삼각형의 문제로 바꾼 것은 획기적인 아이디어였다. 그러나 여전히 문제는 있었다. 아무리 잘게 쪼개어 펼쳐도 원의 둘레(부채꼴)는 직선(직사각형의 밑변)이 될 수가 없다. 더욱이 원둘레의 길이를 알 수가 없다는 더 큰 난점이 있었다. 세상에 수많은 크기의 원이 있지만 이 원에 대해서 아는 것은 반지름이 커지면 원도 커진다는 사실뿐이었다. 그런데 당시로서는 반지름이 커질 때 정확히 얼마만큼의 비율로 원이 커지는지에 대해서는 알지 못했다. 그 비율을 알아야 서로 다른 크기의 원이 얼마만큼 둘레가 다른지도 알 수 있을 터였다.

　무얼 하나 생각하면 자신이 어떤 상태인지도 모른 채 벌거벗고 길거리에 나가곤 했던 아르키메데스. 그런 그가 이 문제를 붙잡고 놓지 않았을 것은 빤하지 않은가. 실제로도 그랬고, 또 커다란 진전도 있었다. 세이프 교수는 특히 (반)지름과 원둘레의 비율을 구하는 데 적용한 그의 아이디어에 찬사를 보낸다. "그는 정말 똑똑했습니다. 그리스인들은 다양한 다각형의 넓이와 둘레를 구하는 방법을 알았죠. 그래서 아르키메데스는 원보다 작은 다각형과 원보다 큰 다각형 사이에 원을 집어넣었던 거예요."

　지름이 1인 원에 각각 내접·외접하는 정육각형이 있다. 지름이 1이므로 반지름은 $\frac{1}{2}$이다. 정육각형은 6개의 정삼각형으로 이뤄지므로 정삼각형 한 변의 길이는 반지름과 같다. 곧, 반지름의 6배를 한 것이 내접하는 정육각형의 둘레이므로 이는 '$\frac{1}{2} \times 6 = 3$'이다. 외접한 정육각형의 둘레도 피타고라스 정리를 이용하면 구할 수 있는데, 이때의 둘레는 3.4641. 따라서 원둘레는 3과 3.4641 사이에 있는 것이다.

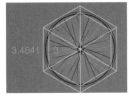

다음에는 내접하는 정육각형을 쪼개 정십이각형을 그려 보자. 그 둘레는 3.1058이고 이때 외접하는 정십이각형의 둘레는 3.2154다. 물론 각을 더 쪼개 24각형, 48각형으로 늘릴 수 있다. 이제부터는 끈기의 문제다. 이렇게 각형을 늘리면 두 둘레의 간격이 좁아져 점점 파이 값에 다가갈 것이다.

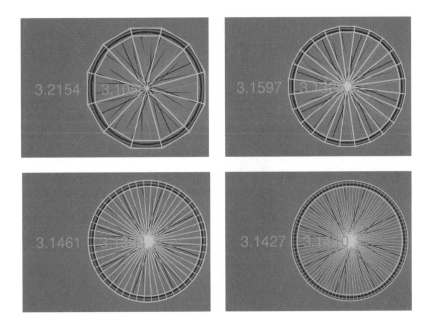

"무한히 계산을 할 수 있다면, 곧 다각형의 변을 무한히 늘릴 수 있다면, 파이 값을 구할지도 모르죠. 그가 몇 각형까지 그렸는지 아세요? 무려 96각형까지 그렸어요. 엄청나죠!"

세이프 교수가 감탄하는 것도 무리는 아니다. 말이 쉬워 96각형이지, 모래나 양피지에 그림을 그려 가며 돌멩이로 계산하던 시절이었음을 생각해 보라. 결코 녹록한 일이 아니었을 것이다. 아르키메데스는 엄청난 끈기와 집념으로 오늘날의 원주율에 상당히 근사한 값을 구해 보았다.

"모든 원의 둘레와 지름의 비율은 $3\frac{10}{71}$ 보다 크나 $3\frac{1}{7}$ 보다는 작다."

계산해 보면 3.1408과 3.1429 사이에 원주율이 있다는 얘기다. 워릭대학교 수학과 이언 스튜어트 교수는 아르키메데스를 가리켜 '원주율에 대한 기본적인 사실을 이해한 최초의 인물'이었다고 말한다. 그의 평가에 수많은 현대 수학자들이 동참하고 있음은 물론이다.

"아르키메데스는 원의 넓이와 둘레, 구의 부피 등을 구하는 데 있어서 돌파구를 만들어 낸 사람이었죠. 그 돌파구란 다름 아닌 원주율이고요. 원주

율이 항수(恒數, 변하지 않는 수)라는 것, 그 수가 원의 넓이든 둘레든 또는 구의 부피든 항상 동일하게 적용된다는 것도 그가 증명해 낸 사실이었습니다. 동일하지만 미스터리한 이 수는 원의 측정에 대한 모든 것의 해답이에요. 그는 '대략 3 정도일 거야.'

하는 태도가 아닌, 절대적으로 논리적인 방식을 통해 근삿값에 이른 사람이었습니다."

인생에서 하루가 남았다면, 한 시간이 남았다면 무엇을 하게 될까. 아르키메데스는 원을 잡고 있었던 모양이다. '모래를 세는 사람'이라 불릴 만큼 모래밭에 도형을 그려 놓고 몰두하기를 즐긴 그는 불길한 기운이 감돌던 마지막 순간까지 그렇게 살았다. 시라쿠사가 마침내 로마군에게 점령당하던 날, 그는 땅에 원을 그려 놓고 깊은 사색에 잠겨 있었다. 얼마나 몰두했는지, 자신의 고향이 침략자들에게 짓밟히는 것도 몰랐나 보다. 잠시 후, 칼을 들고 로마병사가 다가온다.

하지만 이 칠순 노인의 눈에 침입자의 살기 따위란 안중에도 없다. 오로지 자신의 원을 밟고 선 무지한 인간이 불쾌했을 뿐이다. 그는 이렇게 외쳤다. "내 원에서 발을 떼라!"

그것이 마지막 외침이었다. 아르키메데스는 결국 자신의 원을 어지럽힌 로마군의 칼날에 스러졌다. 그의 무덤은 발견되지 않았다. 1965년 호텔 건설 과정에서 그의 무덤이라고 생각되는 표지가 나왔지만 무덤 주인에 대한 진위 논쟁은 여전하다. 대체 어떤 표지였을까? 그는 원기둥에 내접하는 구와 원뿔을 표시해 달라며 유언을 남겼다. 원뿔, 구, 원기둥의 부피는 1:2:3이라는 환상적인 자연수의 비를 갖는다. 죽어서도 수의 신비 속에 영면하고 싶었던 진정한 수학자. 그의 영혼이 오늘 잔잔한 울림을 전해 온다.

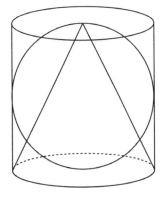

데카르트, 작도 문제를 방정식으로

그 이후 아르키메데스의 원은 어떻게 됐을까. 그의 혁신적인 원적문제 접근법은 후세에 커다란 영향을 끼쳤다. 그러나 끝내 원과 같은 정사각형을 구하지는 못했다. 아르키메데스 이후로 근 2000년이 지나고서야 인류는 하나의 실마리를 얻을 수 있었다. 르네 데카르트. 그의 혁신적인 생각이 새로운 길을 열어 주었기 때문이다.

1619년, 데카르트는 독일 울름 인근의 숲을 거닐고 있었다. 자신이 소속된 바바리안군(軍)의 주둔지 근처였다. 훗날 데카르트는 바로 이곳에서 아주 중요한 아이디어를 떠올렸노라고 고백한다. 다름 아닌 '좌표'였다. 오랫동안 점은 그저 끝없는 허공(평면) 어딘가에 위치한 것일 뿐이었다. 그런데 만일 평면에 수평과 수직의 축을 놓는다면? 그때 한 점은 '위치'를 말할 수 있게 된다. 두 선이 교차하는 원점에서 가로만큼 이동한 거리와 세로만큼 이동한 거리만 알면 되기 때문이다. 그러므로 아래 그림에 나타낸 점의 위치는 (5, 3)이다. 이것은 무얼 뜻하는가.

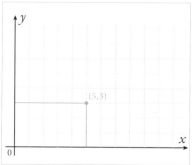

좌표평면에 원을 하나 놓아 보자. 원점을 중심으로 하고 반지름이 1인 단위원이다. 이 원 위에 아무 점이나 골라서 x의 좌표를 a, y의 좌표를 b로 하는 (a, b)가 있다고 하자. 저 (a, b)는 원둘레의 어디에 있든 이 조건을 만족할 것이다. $a^2+b^2=1^2$

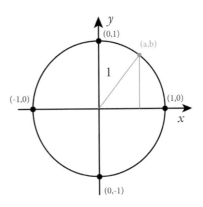

피타고라스의 정리다. 그러니까 이것을 일반적으로 표현하자면 $x^2+y^2=1$이 된다. 이렇게 저 단위원을 표현하는 공식이 생겨났다. 데카르트의 좌표평면이 평면 위의 기하학을 하나의 방정식으로 바꿔 놓은 것이다. 이는 저 원과 어떤 직선 또는 다른 도형과의 교점을 찾는 일이 두 방정식의 근을 구하는 문제로 전환됐다는 얘기다.

이쯤 되면, 원과 같은 넓이의 정사각형을 그리는 일도 다르게 접근할 수 있을 듯하다. 땀 뻘뻘 흘리며 작도를 하려 애쓰기보다는 간편한 수식으로 대신해서 답을 얻을 수도 있는 것 아닌가. 훌륭한 발상이었다. 데카르트는 이로써 기하를 방정식이라는 대수로 표현하는 '새로운 발상'을 던져 준 것이다.

초월의 이름을 파이라 부른다

π, 방정식의 해가 될 수 없는 수

데카르트의 유산은 그가 죽고 120여 년 뒤 태어난 또 다른 천재에게로 이어진다. 18세기에 활동한 '수학의 왕자' 가우스. 그는 18세의 나이로 정십칠각형을 자와 컴퍼스만으로 작도하는 문제에 도전했다. 그리고 그 작도가 가능하다는 것을 증명했다. 그가 여기에서 택한 방식도 정십칠각형의 문제를 방정식으로 전환하는 것이었다.

가우스는 정n각형의 작도를 $x^n - 1 = 0$이라는 방정식을 푸는 문제로 전환했다. 결론적으로 말해서, 그는 이때의 n이 $1+2^{2k}$(k는 자연수) 형태의 '소수'일 경우 자와 컴퍼스만으로 작도 가능함을 증명했다. 따라서 정십칠각형 문제도 방정식 $x^{17} - 1 = 0$의 해를 구하는 것이 되며, 이때 17은 $1+2^{2\times2}$의 형태인 소수이므로 정십칠각형이 자와 컴퍼스만으로 작도 가능하다는 결론에 이른다. 정n각형을 나타낸 $x^n - 1 = 0$은 n개의 해를 가지며, 그 해들은 반지름이 1인 단위원의 둘레를 정확히 n등분한다. 다소 복잡한 작도 과정을 거치면 정십칠각형 또한 정확히 단위원을 17등분하는데, 이것은 $x^{17} - 1 = 0$의 해 17개를 좌표상에 놓았을 때와 정확히 일치한다.

작도 문제를 방정식으로 전환하자 원적문제의 역사에 중요한 변곡점이 나타났다. 자와 컴퍼스만으로 원의 넓이와 같은 정사각형을 작도하는 경우 여기서 작도해야 할 것은 원이 아닌 정사각형이다. 그런데 원과 같은 넓이

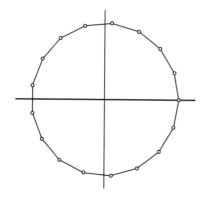

의 정사각형이라 했으니 일단 원의 넓이를 아는 것이 중요하다. 핵심은 '원주율'이었다. 원의 지름과 둘레의 비율, 곧 우리가 파이(π)라고 부르는 것 말이다. 그래서 사람들은 원적문제의 해결이 파이의 비밀을 밝히는 데 있다고 여기게 된다.

원의 넓이는 '반지름×반지름×π'이므로 반지름이 1인 원의 넓이는 π다. 따라서, 같은 넓이를 가진 정사각형을 작도하려면 한 변이 √π인 정사각형을 작도해야 한다. 이것이 가능한가? 그러기 위해서는 아래의 질문에 '그렇다'라고 답할 수 있어야 한다.

$x^2 - \pi = 0$은 해를 가질 수 있는가?

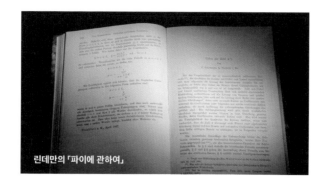

린데만의 「파이에 관하여」

파이의 문제 역시 방정식으로 전환된 것이다. 수학자들은 파이가 '대수적인 수'라면 해를 구할 수 있다고 생각했다. 대수적인 수는 쉽게 말해 방정식의 근이 될 수 있는 수다. 그러나 1882년 「파이(π)에 관하여」라는 논문에서 페르디난트 폰 린데만이 파이가 '초월수'임을 밝혀내며 방정식의 근이 될 수 없음을 증명했다. 초월수란 '유리수(또는 정수)를 계수로 갖는 어떠한 방정식도 만족시킬 수 없는(근이 될 수 없는) 수'이며, 복소수의 범위까지 걸쳐 있다. 초월수 또한 √2처럼 정수의 비율로 나타낼 수 없는 무리수(순환하지 않는 무한소수)다. 그러나 √2는 $x^2 - 2 = 0$의 해가 될 수 있는 반면(이를 '대수적 무리수'라고 한다.), 초월수는 그럴 수가 없다. 따라서 위에 제시된 방정식의 해 √π를 얻는 일은 불가능하므로 작도할 수도 없다. 결국 파이는 인간의 힘으로 결코 닿을 수 없는 존재이며, 원적문제는 풀 수 없는 불가능의 영역이었다는 얘기다.

파이 값을 찾는 일. 그 끝을 보고 싶다는 인간의 열망은 아르키메데스 이후로도 수많은 수학자들이 여기에 도전하도록 이끈 원동력이었다. 그들은 아르키메데스의 방식으로 각을 점점 더 나눠 가며 끈기 있게 계산해 나갔다.

360각형 3.14166……

3072각형 3.1416……

24576각형 3.141592……

805306368각형 3.14159265358979324……

32212254720각형 3.1415926535897932384……

린데만에 의해 파이가 초월수임이 밝혀졌지만, 그래도 슈퍼컴퓨터를 동원

해 파이 값을 찾으려는 노력은 지금도 계속되고 있다. 2005년 일본 도쿄대학은 소수점 1조 2000억대 자리까지 파이 값을 구했다고 한다. 무한히 이어지되 인간의 손 너머로 끝없이 초월하는 수. 거기에 어떤 매력이 있기에 이런 노력들을 기울이는 것일까. 혹시 이 사람은 답을 해 줄 수 있으려나?

중국 정저우시(市)에서 만난 루차오 씨는 작은 가방 하나만 들고 중국 전역을 돌며 기억력 강의를 하는 사람이다. 응용화학으로 석사 학위를 받았지만 사람들이 그를 찾는 이유는 따로 있다. 루 씨의 암기 실력 때문이다. 한참 성장하고 있는 이 나라에서 암기력은 중요한 경쟁력이 될 수 있다. 그의 주 고객은 좋은 대학 진학이 목표인 학생들이 대부분이라고 한다.

"고 3 때 암기법을 익혔습니다. 고 1, 2 때 공부를 못했거든요. 어떻게든 대학을 가고 싶어서 익힌 거죠. 암기법이 공부에 큰 도움이 되었어요. 수를 외우는 것도 어렵지 않다는 걸 알게 됐으니까요."

루차오 씨는 파이 값 외우기 세계기록 보유자다. 2005년에 24시간 4분 동안 소수점 6만 7890번째 자리까지 암기했다.

"15초 안에 다음 숫자를 말해야 하기 때문에 밥을 먹거나 용변을 볼 시간이 없습니다. 초콜릿을 먹으면서 암기했고, 화장실도 못 가니까 기저귀를 착용해야 했죠. 의료진도 옆에 있었어요. 스트레스를 못 견딜까 봐 의사 네 명이 응급 사태를 대비했습니다. 지능 테스트인 동시에 체력 테스트였던 셈이죠."

소수점 아래 6만 7000여 자리를 외우는 것이 가능하기나 할까. 엄청난 집중력과 인내가 아니라면 가당기 힘든 기록일 터. 약간의 암기 시범을 청하는 데에도 새삼 미안한 마음이 드는 것은 그래서일지도 모른다.

잠시 후, 카메라 앞에 앉은 그가 묻는다. "준비됐나요?"

3
3.1
3.14
......

그가 천천히, 또박또박 수를 말해 나간다.

3.141
3.1415
3.14159
3.141592
......

우리는 파이로 엔진도 만들고, 지구 둘레도 계산하고 인공위성도 돌린다. 소수점 아래 15자리 정도면 이 모든 것을 해결할 수 있다.

3.1415926
3.14159265
......

그런데도 한참을 더 가려 한다. 원주율 파이. 원 안에 숨어 있는 이 수는 왜 우리를 끌어당기는 것인가.

3.141592653

3.1415926535

......

고대 중국에서 주비를 들고 떠난 우리의 여정은 논리로 무장하며 원을 향해 이어졌다. 가는 법은 아는데 길이 없었다. 하지만 우리는 못 가는 줄 알면서도 계속 걷고 또 걸었다.

3.14159265358

3.141592653589

3.1415926535897

3.14159265358979

3.141592653589793

......

닿지 못할 줄 알면서도 가는 어리석음. 이 어리석음이 세상을 만든 게 아니었을지.

제2부

천국의 사다리

∞

헤아릴 수 없는 수를 헤아리려 한 사람들이 있다. 무한은 오랜 세월 금기시된 개념이었고, 그렇기에 지적 모험가들의 목표가 되었다. 무한에 다가간 이들은 비난에 시달렸으며, 더러 그 도전의 대가로 생명을 내놓기도 했다. 이는 수학의 세계에서도 마찬가지였으나 마침내 수학자들은 무한의 실체를 손에 쥐었다. 끝없는 수를 세는 방법. 수학자의 천국, 무한. 훗날 독일의 수학자 헤르만 바일은 이렇게 말했다. "수학은 무한의 과학이다. 그 목표는 인간이라는 유한한 수단을 통해 무한을 상징적으로 이해하는 데에 있다."

Numbers
∞

피아노 반주가 시작된다. G단조의 빠른 리듬은 강렬하고 급박하다. 높은 도와 낮은 도, 8도 화음으로 내지르는 셋잇단음표의 맹렬한 리듬이 폭풍 속 다급한 말발굽 소리를 묘사한다.

어두운 늦은 밤 바람을 가르며
말 타는 이 누구인가?
그는 아이를 품에 안은 아버지.
팔을 한껏 감아 아이를 안고 가네.

아버지는 자꾸만 세상의 안전한 곳으로 말을 달린다. 슈베르트 예술 가곡 「마왕」의 앞머리. 그런데 조금만 주의해서 들으면, 피아노 전주에 잠깐씩 끼어드는 음률을 눈치 챌 것이다. 말발굽 소리를 묘사하던 부분과는 다르다. 낮고 둔중한 음색으로 잠깐씩 나타났다 사라지던 멜로디. 어쩌면 불길한 암시처럼 다가서는 존재를 암시하는 것일지도 모른다.

아들아, 뭐가 그리 무서워 얼굴을 가리느냐?

진짜 세계는 늘 아버지의 등 뒤에 펼쳐져 있다.

아버지, 마왕이 보이지 않으세요?
망토를 두르고 왕관을 쓴 마왕 말이에요.

끝이 안 보이는 낯선 세계. 아무도 그 얼굴을 본 적이 없다.

아들아, 그건 그저 엷게 퍼져 있는 안개란다.

아이는 아프다. 병약한 소년의 눈에는 어둠의 망토를 두른 마왕이 보인다. 하지만 아비는 볼 수가 없다. 그에게 마왕의 목소리는 바람에 날리는 낙엽 소리로 들리고, 마왕의 딸도 한낱 오래된 나무로만 보일 뿐이다. 볼 수가 없으니 물리칠 수도 없다. 삶과 죽음의 경계에 홀로 남겨진 아이에게만 그 존재는 점점 더 분명해진다. 급기야 소년에게 말을 건넬 정도로.

사랑스런 아이야, 나와 함께 가자.
함께 재미있는 놀이를 하자꾸나.
모래사장에는 알록달록한 꽃이 피어 있고

우리 어머니에겐 황금옷도 많이 있단다.

유혹이 커질수록 소년의 숨결은 가빠 온다. 마왕의 유혹은 어느새 위협
으로 바뀌어 간다.

아이야, 나는 예쁜 네가 정말 좋구나.
그 사랑스러움에 눈을 뗄 수가 없네.
오기 싫다고 해도, 나는 너를 데려가야겠어.

마왕은 있다! 속을 알 수 없는 안개처럼, 어둠처럼 그는 우리 곁에 서 있
다. 그러나 그 존재만 알 뿐 누구도 그의 얼굴을 보지 못한다. 그런 존재를
본다는 것은 위험천만한 일이다.

아버지, 오 아버지,
저를 끌고 가려 해요!
마왕이 제게 상처를 입히고 있어요!

마왕의 세계를 보고 싶은가? 그가 당신에게 내는 상처를 감수할 수 있는
가? 그 세계에는 우리를 유혹하는 예쁜 꽃과 황금의 옷이 있다. 아리따운
소녀도 있다. 하지만 그가 선사하는 매혹은 우리에게 자칫 치명적인 결과를
낳을 수도 있을 터!

땀에 젖고 지쳐서 집에 도착했을 때

아비의 팔에서 아들은 이미 죽어 있었네.

단지 어느 가곡의 노랫말일 뿐이라고? 어쩌면 이것은 아무도 본 적 없고 끝을 알 수 없는 수의 세계를 비유하는 이야기일지도 모르겠다. 한 인간이 두려움에 떨며 다가선, 무척이나 낯설고도 치명적인 매혹으로 가득한 어떤 세계 말이다.

닫힌 세계, 새로이 눈을 뜨다

우주도, 인간도 닫혀 있던 갈릴레오의 시대

로마 교황청이 주재하는 바티칸 시국. 한때 이 작은 나라가 전 유럽을 지배하던 시절이 있었다. 20세기 말, 교황청은 400여 년간 비밀로 묻어 둔 문서 하나를 공개한다. 비록 오래 걸리긴 했지만 가톨릭교회로서는 용기 있는 결단이었다. 1633년에 있었던 한 재판기록으로 가톨릭 역사에서 가장 요란

사제들에게서 아래와 같은
질문을 받았다

한 스캔들이었다고 할 만한 사건의 일지였다.

"진실만을 말할 것을 맹세한 피렌체 사람, 갈릴레오 갈릴레이는 사제들에게서 아래와 같이 질문을 받았다. '우주의 중심은 지구가 아닌 태양이며 지구가 움직인다는 생각을 언제 처음 시작했고, 얼마나 오랫동안 했는가?'"

갈릴레오 갈릴레이. 그는 지금 이단으로 심문받는 중이다. 이단? 평생 과학에만 몰두해 온 이 일흔 살 노인의 죄명치고는 참 가혹한 죄목이다. 최종 재판이 있던 날, 그는 참회복을 입고 판결문이 낭독되는 내내 판사들 앞에 무릎을 꿇고 있어야 했다. 판관들이 다시 한 번 그의 죄목을 상기시켰다. 그가 코페르니쿠스의 지동설이 옳다고 주장했다는 내용이었다. 그들은 갈릴레오에게 성무청에 형식적으로 감금할 것, 그리고 3년 동안 매주 한 번씩 7대 고해성시(시편 6, 31, 37, 50, 101, 129, 142편)를 음송할 것을 명한다. 마지막 재판일 전날 그 또한 이미 자신의 주장을 포기하는 데 동의한 상태였다. 다음 날인 1633년 6월 22일, 갈릴레오는 철회 맹세 문서에 서명하고 그 내용을 한 자 한 자 낭독해 나갔다.

"나는 이제 여러분과 모든 충성스러운 기독교인들 앞에서 내게 향해진 강력한 의심을 제거하기 위하여 진실된 마음과 거짓 없는 믿음을 가지고 오류와 이단적 사상을 맹세로써 철회하고 저주하며, 성스러운 교회의 가르침과 반대되는 모든 다른 오류와 이단적 사상도 저주합니다."

그가 재판정을 나서며 "그래도 지구는 돈다."는 말을 했다는 근거는 어디에도 없다. 그래도 갈릴레오가 재판 이전이나 이후로도 '태양이 지구를 돈다.'는 교회의 주장을 받아들이지 않았다는 사실만큼은 분명하다. 지동설을 따른다는 것은 당시 교회가 지배하던 우주관을 부정하는 행위. 하지만 그는 독실한 신자이기 전에 뛰어난 과학자였다. 자신이 관찰하고 사유한 결과를 솔직하게 표현했을 뿐 애초부터 교회를 전복하려는 의도는 없었다. 하나의 질서가 굳어지고 폐쇄적이 되다 보면 그것을 떠받치는 권위는 자신에게 이의를 제기하는 모습을 참지 못한다. 그 속에서 때로는 학문적 정직함도 이단이 될 수 있는 것이다.

갈릴레오가 살던 시절, 그때는 우주의 중심에 지구가 있었다. 태양을 비롯한 행성들이 순서대로 지구를 돌았고, 천구의 맨 바깥쪽에는 별들이 박혀 있었다. 우주는 여기서 끝이 난다. 중세가 끝난 뒤였는데도 그랬다. 우주가 '무한'하다는 개념을 받아들이기에는 너무나도 폐쇄적인 시대였다.

세계를 바라보는 새로운 시선

갈릴레오의 시대는 신에서 인간으로 세상의 중심이 바뀌어 가던 때였다. 그가 태어난 후 약 30년 뒤에는 근대 이성의 선구자인 데카르트가 태어난다. 신의 세상을 지켜 내려는 교회와 보수적인 학자들의 저항은 여전했지만, 갈릴레오가 태어나기 전부터도 새로운 시대정신은 이미 싹트고 있었다.

그가 태어나기 100여 년 전 중세가 막을 내리던 르네상스기로 거슬러 올라가 보자. 그때는 신만이 무한하고 인간과 세계는 유한하고 비천하다는 이분법이 여전히 세상을 지배하던 시절이었다. 그래서 유한한 인간은 감히 무

한을 이해할 수 없다고 생각했다. 무한과 신이 더 높은 곳에, 인간과 세계는 낮은 곳에 속한 존재들이었다. 그런 세계관은 예술에도 고스란히 흔적을 남겨 놓았다.

왼쪽의 그림은 피렌체의 산타마리아노벨라성당의 벽화다. 신이 세계의 중심이므로 벽화의 그림에서 신이나 천사, 성자처럼 성스런 존재는 화면에서 차지하는 비중이 커 보인다. 반면에 보통의 인간들은 가치가 작은 만큼 작게 표현돼 있다. 또, 중요한 인물은 아무리 뒤에 앉아 있어도 꼭 같은 크기로 그려졌다. '가까운 것이 크게 보이고 먼 것은 작게 보이는' 과학적 사실이 '신성한 것이 현실 원리보다 우선시되는' 중세적 가치관에 의해 무시되는 것이다. 그렇다면 이제 이 성당에서 가장 인기가 많은 그림 쪽으로 눈길을 돌려 보자. 여기에서 우리는 옛것과 새것이 섞이며 변화하는 시대의 흐름을 확인하게 될 것이다.

오른쪽 그림은 1427년경 마사치오가 그린 「성삼위일체」다. 이전과는 완전히 다른 스타일의 이 그림 앞에서 15세기 사람들은 놀랐을지도 모른다. '그림 한가운데 누가 굴을 파 놓았나?' '분명히 그림인데 저 공간은 뭔가!' 그렇게 의아해하지 않았을까. '성스러운 것은 무조건 크게 그려야 한다.'고 생각하는 이라면 이렇게 그릴 수 없다.

이 작품을 지배하는 질서는 신성이 아닌 자연의 질서다. 그래서 예수의 몸집은 십자가 아래의 사람들과 다르지 않고, 사물의 거리에 따라 멀고 가까움이 느껴진다. 「성삼위일체」는 원근법으로 그려진 최초의 그림 중 하나로 알려져 있다. 저 화면 뒤로 패여 있는 암흑. 무한히 빨아들일 것 같아 눈을 질끈 감아 버리게 하는 공간이 거기에 있다. 끝이 없는 곳으로 향해 달려가는 무한의 세계가 있는 것이다. 그런데 참 신기하지 않은가? 인간이 몸담은 현실로 눈을 돌리게 되면서 오히려 무한으로 다가섰다는 사실 말이다. 오랜 시간 인간이 감히 손도 대 보지 못한 그 무한에!

원근법, 현실 속으로 내려온 무한

무한을 맨 처음 본 사람들은 수학자가 아니라 화가들이었다. 그들이 발명해 낸 '투영도법', 흔히 원근법이라고 불리는 기법에 의해서였다. 17세기 네덜란드 화가 마인데르트 호베마의 「미델하르니스의 길」(1689)은 원근법의 교과서적인 작품이다.

　원근법은 눈에 보이는 대로 실제의 현실을 그려 보고픈 열망의 산물이었다. 어떻게 3차원 공간을 2차원 평면에 옮길 수 있었을까. 그것을 이해하려면 화가의 눈이 필요하다. 풍경 앞에 그림판을 세우고 공간 속의 어떤 지점을 바라보는 화가를 상상해 보자.

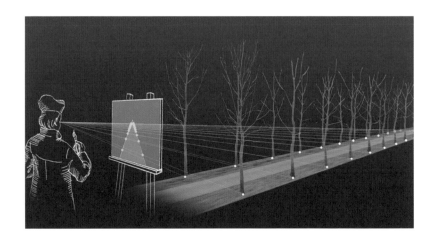

그 지점과 눈을 잇는 선이 그림판을 통과할 때 점이 생길 것이다. 더 먼 공간도 와서 점으로 찍힌다. 그렇게 그림판에 찍힌 점들을 이으면 다음과 같이 선이 된다.

선은 어떤 한 점을 향해 나아간다. 끝없이 계속되는 두 개의 선이 모인 점. 하지만 저 그림 속에 있는 소실점은 현실에 없다. 실제의 길은 평행하기 때문이다. 그래서 이 투영도법(중심투영법)을 처음 책으로 밝힌 15세기의 레온 바티스타 알베르티는 이 점을 '달아나는 중심점'이라고 불렀다.

알베르티를 포함한 르네상스 화가들의 위대성은 언제나 저만치 달아날 뿐인 현실 속 무한을 시각적으로 표현해 냈다는 데 있다. 그들 덕분에 무한은 인간의 차원으로 내려올 수 있었다. 이제 무한으로 가는 새로운 길이 열린 것이다!

그림 속으로 한번 들어가 볼까. 가는 길에 누군가를 만나기도 하고 지금은 사라져 버린 집도 지나게 될 것이다. 그림 속에서 저 길은 만난다. 길이 만나는 곳에 무한이 있다. 그러나 실제로 가면 언제나 저만치 다시 떨어져 있다. 영원히 달아날 뿐인 무한. 무한은 이게 문제다.

세상의 비밀을 푸는 열쇠

시간과 공간에 대한 질문

21세기의 아테네. 운집한 군중과 취재진 그리고 오늘의 주인공인 마라톤 참가자들로 들썩인다. 오늘은 그리스 알렉산더마라톤대회가 열리는 날. 잠시 후 출발음이 울리면 42.195km 떨어진 결승점을 향해 선수들이 달려갈 것이다. 그리고 무한을 향한 우리의 또 다른 여정도 시작될 것이다. 또 하나의 무한, 그것은 어쩌면 바로 우리 발밑에 있을지도 모르겠다.

사람의 한 발 한 발이 42.195km나 되는 거리를 간다. 마라톤 코스를 하

나의 선이라고 한다면 선수들이 내딛는 한 발은 그것을 채우는 점일 것이다. 아테네에서 처음 생겨난 이 스포츠의 역사는 어느덧 2500여 년이나 됐다. 어디 마라톤뿐인가. 수학이나 철학을 포함해 서양의 정신문명을 만들어 온 많은 것들이

이 나라에서 처음 생겼다. 그래서 그리스인들은 칼싸움보다는 말싸움에 능한 민족이다.

마라톤 경기 초반에 비가 내릴 때도 있다. 예상치 못한 일들이 일어나기 때문에 마라톤은 자주 인생에 비유되곤 한다. 아무리 성공가도를 달리더라도 자만에 빠지면 자기 페이스를 잃는다. 숨이 턱까지 차오를 만큼 힘들어도 묵묵히 참고 견디면 목적지에 도달할 것이다. 경기든 인생이든 마라톤에서 가장 중요한 것은 이기는 것보다 끝까지 가는 것. 그것을 위해서 우리는 한 발 한 발씩 매 순간을 건너가야 할 것이다. 인생은 그런 순간의 연속으로 이뤄진다. 하지만 무한을 향해 떠나온 우리이니, 여기서 너무 철학으로 빠지지는 말자. 지금 중요한 것은 수학에서 바라보는 '순간'이고, 그 '순간'과 '무한'이 맺는 관계다.

달려가는 선수들의 모습을 순간으로 잡아 보자. 이 순간이 정말 순간일까. 이 순간을 쪼개고 쪼개고 또 쪼개면 그때의 순간은 또 무엇일까. 그리스인들은 2500년 전에도 이런 고민을 했다.

제논, 무한으로 도발하다

고대의 아테네에서는 매년 7월이면 축제가 열렸다. 아테나 여신을 수호신으로 하는 나라이니만큼 그녀를 기리는 축제(판아테나이아)는 국가적 행사였다. 특히 4년마다 펼쳐지는 대(大)판아테나이아 축제의 웅장함과 화려함은 더 말할 나위가 없었다. 여성, 외국인, 심지어 귀족을 모시는 노예까지도 참가했다. 축제 기간 중에는 마라톤을 포함한 운동 경기와 시 쓰기 대회,

음악 경연, 승마 경기, 춤 공연이 펼쳐져 온 아테네를 뜨겁게 달궜다.

기원전 499년은 바로 대(大)판아테나이아 축제가 열리는 해였다. 축제의 최고 인기 프로그램은 가두 행렬이었는데, 그들을 보며 길가에 줄을 선 아테네인들은 아마 열렬한 환호를 보냈을 것이다. 한편으로 이 축제에서는 사람들이 모여 열렬한 토론에 빠져들기도 했다. 아마도 아고라(광장) 어디쯤에 서였을 텐데, 나서기 좋아하는 사람들에게는 더없이 좋은 기회였다. 그해에 토론에 끼어든 무리 속에는 야심만만한 괴짜 철학자도 한 사람 있었다. 엘레아의 제논이라 불리던 사람. 그가 지금 불같이 자기주장을 토해 내고 있다.

"만물은 하나라서 세상에 빈틈은 존재하지 않소. 그러니 변화도 없고 움직임도 없소. 움직인다고 여기는 건 우리의 착각일 뿐이오."

『무(無)의 수학 무한의 수학』을 쓴 찰스 세이프 교수는 제논에 대해 다음과 같이 말했다.

"제논은 현대 철학자에게 정말 고통을 주는 철학자예요. 말도 안 되는 걸로 논쟁을 벌였거든요. 그중의 하나가 움직임은 불가능하다는 거죠."

제논의 말이 던진 충격파는 대단했다. 당시는 피타고라스학파가 그리스 지성계를 이끌던 시절이었다. 제논에 대한 그들의 반발이 특히 심했던 것은 당연했다. 피타고라스학파에서는 한 발 한 발 내딛어 가면 마침내 결승점에 닿는 것이 지극히 당연하다고 여겼기 때문이다. 보통 그렇게 생각하는 것이 상식적이지 않은가. 그러나 제논은 자신만만하다.

"제논은 이런 논쟁을 시작했습니다. 달리기 시합을 상상해 보라고요. 아주 빠른 아킬레우스와 느린 거북이의 시합 말이죠. 거북이가 조금 먼저 출발하도록 해 주는 거예요. 그러면 아킬레우스가 따라잡는 것이 불가능합니다."

아주 유명한 제논의 역설이다. 위 그림을 보라. 아킬레우스는 지금 거북이를 따라잡으려 한다. 그러면 거북이는 가만 있나? 거북이가 조금 전까지 있던 자리에 아킬레우스가 닿는 동안 거북이는 조금 더 가 있을 것이다. 아킬레우스가 다시 따라가면 거북이도 또 조금 더 가고, 이런 일은 무한히 반복된다. 결국 아킬레우스는 영원히 거북이를 따라잡지 못한다. 그것이 제논의 주장이었다. 사실 말도 안 되는 얘기다. 그런데 이상하게도 당시 피타고라스 학파 사람들은 여기에 반박하지 못했다. 현대를 사는 우리에게도 쉬운 일은 아니다. 설상가상으로 제논은 점점 더 기막힌 얘기를 풀어놓았다.

"날아가는 화살은 결코 과녁에 도달할 수 없소."

마라톤으로 설명하자면 이런 식이다. 지금 한 선수가 숨이 턱에 차오르도록 달려가고 있는데, 아무리 애써 봐야 그는 결승선에 결코 도달하지 못한다는 얘기다.

이 선수가 어떤 거리까지 달려가려면 처음 있던 자리와 그 거리의 중간을 지나야 한다. 한데 그 중간까지 가려면 중간의 절반을 지나야 한다. 이렇게 계속해서 공간을 쪼개어 보면 무슨 일이 일어날까? 어딘가에 닿으려면 어느 지점을 지나 그 다음 지점으로 가야 하는데, 이런 식으로 공간을 계속 쪼개다 보면 그는 결코 앞으로 나아갈 수가 없게 된다. 지나야 할 지점이 무수히 많아지기 때문이다. 다시 말해 움직임이 불가능해지는 것이다. 바로 여기에 '무한'이 있다.

세이프 교수의 말이 이어진다.

"그리스인들은 머리를 긁적였죠. 무한을 조합하면 어떤 의미를 가지는지 알 수 없었거든요. 그 안에 무한이 있다는 것을 안 이후로는 두 손을 들고

만 거예요."

다시 21세기의 아테네에서 벌어진 마라톤 대회로 돌아와 보자. 제논은 시간도 공간도 움직이지 않는다고 했지만 어느새 2500년이 흘렀다. 마라토너들은 결승선을 향해 여전히 잘 '움직이고' 있다. 제논의 말이 틀린 것일까. 세이프 교수의 말마따나 제논의 역설이 현대 철학자들까지도 힘들게 했다면 쉽게 휴지통으로 던져 버릴 이야기는 아닐 것이다. 그는 우리가 당황스럽게 여기는 미지의 세계를 열어 보였으니까. 그 판도라의 상자에서 튀어 나온 것은 바로 무한이었다.

언젠가 결승선에 닿는 순간 마라토너들의 경기가 끝날 것은 분명하다. 우리의 인생이 그런 것처럼. 하지만 유한한 삶을 살면서도 인간은 늘 무한을 그리고 상상한다. 끝이 분명한 이 시간 속에서 무한을 생각한다는 것. 그것은 때때로 참 외로운 일일지도 모른다.

무한에 대한 갈릴레오의 탐구

갈릴레오의 고난과 불굴의 의지

다시, 갈릴레오의 이야기로 돌아와 보자. 종교재판에서 죽음의 위협에 시달린 그는 종신형에서 가택연금으로 형을 감면받았다. 계속해서 집에 보내 달라고 사정했지만 교회는 들어주지 않았다. 그가 집으로 돌아올 수 있었던 것은 종교재판이 있고 난 후 1년 만이었다. 피렌체 인근의 작은 마을 아르체트리. 여기에 있는 '작은 보석'이라는 뜻의 일 조이엘로Il Gioiello 별장에

서 그는 1642년 사망할 때까지 여생을 보냈다.

현재도 갈릴레오가 살았을 때 그대로의 모습이 남아 있다. 당시에도 침대와 소파 몇 개만 있던 검소한 집. 갈릴레오는 아직 시력을 잃지 않았을 때 자신의 방 창문으로 딸이 있던 수도원을 바라봤다. 만년의 그는 갈수록 몸이 쇠약해졌으나 머릿속만큼은 열띤 물리학 실험이 벌어지고 있었다. 사생아로 자란 자식들의 도움도 컸다. 아들이 시력 잃은 아버지의 추시계 실험을 대신했고, 수녀가 된 딸은 불쌍한 노인의 영혼을 위로했다. 하지만 이탈리아에서 가장 존경받던 그가 무릎을 꿇고 자기 소신을 부정했던 만큼 마음의 고통만큼은 어쩔 수 없었을 것이다. 피렌체대학의 알베르토 리기니 교수는 그 당시 갈릴레오의 모습을 다음과 같이 묘사했다.

"갈릴레오는 로마에서 돌아온 뒤 이 집에서 매우 힘들게 지냈습니다. 우울증에 걸렸죠. 재판으로 힘들 때 갈릴레오를 많이 도왔던 딸이 죽었는데, 그때가 가장 심각했고요."

자식의 죽음, 이단의 멍에, 반대자들의 비방…… 이제 일흔이 된 그가 마음의 고통과 망가진 몸을 가누며 책상에 앉는다. 그즈음에는 갈릴레오가 자신의 사상을 철회하고 유죄 선고를 받았다는 소문이 이탈리아 너머까지 퍼져 있었다. 바티칸은 갈릴레오에게 반대하는 책을 쓰도록 어용학자들을 부추기기까지 했다. 그러나 그는 그런 일에 일일이 응하지 않았다. 그에게는 타고난 불굴의 의지, 자기 학설에 대한 강한 믿음이 있었다. 적대자들에게 신경 쓰느니 과학책을 집필하는 데 몰두하자고 생각했다. 이는 예전부터 이미 계획된 것이었고, 자신을 종교재판까지 몰고 간『두 개의 주요 세계관에 관한 대화』(1632)에 이은 마지막 작업이 될 터였다. 그 책은 바로『새로운 두 과학』이었다.

갈릴레오의 『새로운 두 과학』

'내가 옳고 그들이 틀렸다.'고 생각하던 힘든 시절이었으니 그에게는 자신의 믿음을 지지해 줄 친구들이 필요했다. 그래서『두 개의 주요 세계관에 관한 대화』에 등장했던 세 주인공을 다시 불러낸다. 살비아티, 사그레도, 심플리치오가 그들이었다. 갈릴레오는『새로운 두 과학』또한 전작처럼 등장인물들의 대화로 풀어낸다. 살비아티는 지은이 자신의 입장을 대변하는 인물, 갈릴레오가 정말 좋아한 친구이기도 한 사그레도는 지혜로운 객관적 관찰자의 입장이다. 그리고 심플리치오! 스콜라 철학자인 그는 조금 순진하고 멍청한 인물로서 살비아티(갈릴레오)에게 이의를 제기하는 역할을 맡고 있다. 이 책에서 그들이 나눈 대화 속에는 '무한'에 관한 것도 있었다. 세 사람이 이야기하는 내용 속에서 이제 그것을 확인해 보자.

『새로운 두 과학』에 담긴 무한

이것은 아리스토텔레스도 고민했던 이상한 바퀴 이야기다. 여기 큰 바퀴 안에 작은 바퀴가 있다. 작은 바퀴의 둘레는 당연히 큰 바퀴보다 작다. 그런데 이 바퀴를 굴리면 얘기가 달라진다. 작은 바퀴가 그리는 궤적이 큰 바퀴가 그리는 궤적과 길이가 같아지는 것이다.

"분명히 두 원의 둘레가 다른데 굴러간 길이는 왜 같을까?"

눈으로 봤는데도 믿겨지지 않는다. 정말 이 세상 모든 원들의 둘레는 같은 것일까? 갈릴레오는 이 역설을 육각형 바퀴로 설명한다.

언뜻 보기에는 두 육각형 바퀴가 똑같이 움직이는 것 같아 보인다. 하지만 큰 육각형 바퀴가 구를 때 닿는 면과 작은 육각형 바퀴가 구를 때 닿는 면은 같지 않다. 가만히 보면 작은 육각형 바퀴는 살짝살짝 점프를 한다. 그래서 작은 육각형 바퀴의 궤적은 마디마디 끊어져 있다. 만일 바퀴를 육각

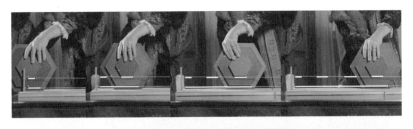

형에서 십이각형, 이십사각형으로 만들어 굴린다면, 각이 많아질수록 더 많이 점프하고 간격은 더 좁아질 것이다. 그러다 결국 선이 되는 것이다. 그렇다면 우리는 처음에 본 두 원이 둘레가 다른데도 굴러간 길이가 같은 이유를 이해할 수 있다. 큰 원이 굴러갈 때 작은 원이 우리 눈에 보이지 않을 만큼 무수하게 점프를 하기 때문이다.

이쯤 되자 백치미가 매력인 심플리치오가 불평하기 시작한다. '원은 그렇다 치고, 그럼 한가운데에 있는 점은 어찌 된 일인가?' 그의 질문은 이런 것

이다. 둘레가 다른 두 원이 굴러간 길이는 선으로 나타난다. 그런데 두 원의 중심에 있는 점도 어떻게 똑같은 궤적을 그릴 수 있느냐는 얘기다.

점은 둘레가 없는데 점과 선이 같다니! 이 무슨 말도 안 되는 얘기인가. 그래서 심플리치오로서는 당연히 이런 질문을 던질 수밖에 없다.

"쪼갤 수 없는 점으로 어떻게 쪼갤 수 있는 직선을 만든단 말인가."

선은 정해진 길이가 있어서 유한하다. 그러나 선을 만드는 점들은 무한히 많다. 그런데 어떻게 무한한 점들이 유한한 선을 만들 수 있다는 것인가. 갈릴레오를 대변하는 살비아티가 심플리치오를 위해 한 예를 든다.

먼저 짝수의 점으로 선을 만든다. 점 4개. 이 선분은 반으로 자를 수 있

다. 그렇다면 홀수로 선을 만들면 어떨까? 점은 쪼갤 수 없는 것이므로 반으로 자를 수가 없다.

그러니 하나의 선이 홀수나 짝수 개의 점으로 이뤄졌다는 것은 논리적으로 말이 되지 않는다. 여기서 갈릴레오가 말하려 하는 것은 길이가 짧든 길든 선은 '짝수냐 홀수냐.'를 헤아릴 수 없는 무한 개의 점으로 이뤄진다는 점이다. 10cm든 5cm든 길이가 다른 선 안에 든 점은 똑같이 '무한'하다는 얘기다. 그런데 이건 좀 이상하지 않은가? 선은 점이 모여 만들어지는 것인데 긴 선은 당연히 짧은 선보다 점이 많아야 한다는 것이 상식적인 주장이기 때문이다. 이쯤에서 갈릴레오는 하나의 예를 들며 우리에게 '무한을 바라보는 관점'을 바꾸라고 말한다.

여기 자연수로 이뤄진 집합이 있다. 이것은 무한집합이다. 이 가운데에서 짝수만 골라내 또 하나의 무한집합을 만들 수 있다. 어느 집합이 더 클까? '상식적인 차원에서' 우리는 자연수의 집합이 짝수의 집합보다 더 크다고 말할 수 있다. 짝수는 자연수의 일부이기 때문이다. 물론 유한한 집합에서는 그렇다. 가령 A={1, 2, 3, 4, 5, 6, 7, 8, 9, 10}과 B={2, 4, 6, 8, 10}을 일대일 대응시켜 보자.

1	2	3	4	5	6	7	8	9	10
⇕	⇕	⇕	⇕	⇕					
2	4	6	8	10					

집합 A의 원소 6, 7, 8, 9, 10에 대응하는 B의 원소가 없다. 이로써 우리는 '집합 A가 B보다 더 크다.' 곧 '원소의 개수가 더 많다.'라고 말할 수 있게 된다. 그런데 만약 A와 B가 무한집합이라면?

짝수는 자연수의 부분일 뿐이라 자연수가 훨씬 더 많을 것 같지만, 자연수 집합 안에서 어떤 큰 수를 가져와도 거기에 대응하는 짝수의 원소가 있다. 다시 말해 일대일 대응이 이뤄진다는 것이다. 무한을 볼 때는 유한의 세계와 같은 시선으로 보지 말라는 얘기가 바로 이것이다.

살비아티는 말한다.

"어떤 것들의 개수가 '같다', '많다', '적다'고 하는 것은 개수가 유한한 경우에만 할 수 있는 말일세. 무한한 경우에는 이런 말이 성립하지 않네. 유한한 개념들을 가지고 무한에 대해 토론하려니 이런 어려움들이 생기는 것이지."

"길이가 짧은 선은 그보다 길이가 긴 선과 분명히 다르다." "부분은 언제나 전체보다 작아야 한다." 우리가 '상식적으로' 생각하는 이런 관점들은 사실 고대 그리스로부터 내려오는 전통적인 공리였다. 그런데 갈릴레오가 지금 그것을 뒤집어 버렸으니, 스콜라 철학자로서 그리스의 사상적 전통 속에 있는 심플리치오로서는 둘레가 다른 두 원의 궤적이 같다는 것, 더욱이 점이 선과 같다는 사고를 도무지 이해하기 힘들었을 게다. 그렇다고 그를 아둔하다고 탓하지는 말자. 그것은 그의 한계가 아니라 시대의 한계였으니까. 수학에서 이 문제가 해결되려면 적어도 200년은 더 기다려야 했다.

무한 세계의 얼굴을 보여 주다

무한, 아직은 머나먼 이름

무한은 과연 있는가. 있다면 어디에 있는가. 무한을 생각하는 능력은 문명의 발전보다도 훨씬 더뎠다. 갈릴레오가 슬쩍 한 귀퉁이를 보여 주긴 했지만 인간이 무한을 이해할 수 있다고 믿는 것은 말도 안 되는 일이었다. 17세기의 지성들 대부분이 그런 태도를 갖고 있었다.

"우리 존재의 작음은 우리의 눈앞에서 무한을 감춘다." — 파스칼

"(무한이란) 본성상 우리가 이해할 수 없는 것이다." — 갈릴레오

"그러므로 '무한'이라는 단어는 오직 신의 몫으로 남겨 두자." — 데카르트

이러한 입장은 18세기를 넘어 19세기까지도 이어졌다. 그러다가 19세기 후반이 되면 무한에 대한 기존의 한계를 뛰어넘는 사건, 아니 사람들이 출현한다. 그중에 주인공은 단연 이 사람이었다. 누구보다 신을 사랑했던 젊은이. 어떻게 하면 신의 생각을 인간의 땅에 드러낼 수 있을까를 고민했고, 자신이 아주 잘하는 방법으로 그것을 해 보자고 결심했던 수학자, 게오르그 칸토어였다.

그는 아무도 열지 못했던 세계로 곧장 들어갔다. 우리는 끝없이 커지는 곳에도 가 보았고 한없이 작아지는 곳에도 가 보았지만, 그 실체를 보지는 못했다. 이제는 칸토어의 뒤를 따를 시간이다. 그가 우리에게 '무한의 얼굴'을 보여 줄 것이기 때문이다.

　　1845년 러시아 상트페테르부르크에서 태어난 칸토어. 11살 때 가족을 따라 독일로 이주한 소년은 부유한 상인이자 주식중개인이었던 아버지와 음악교사 출신의 어머니 슬하에서 소년기를 보낸다. 어린 시절에는 수학보다 바이올린 연주에 더 천재성을 보였던 음악 신동이었다고 한다. 집안에 미술가와 음악가가 많았기에 예술적 자질이 남달랐던 듯하다. 그런 소년에게 엔지니어가 되기를 바라는 아버지의 고집은 늘 무거운 마음의 짐이었다. 결국 아버지의 뜻대로 기술학교를 다녔지만 그는 수학에 뜻을 품게 되고, 다행히도 그 결정은 존중을 받았다.

　　칸토어는 열여덟(1863년)에 베를린대학에 입학해 스물둘에 박사학위를 받았다. 2년 후에는 할레대학의 강사로 임용되며 강단에 서기 시작했다. 할레는 17세기 위대한 작곡가 헨델이 태어난 곳. 그리고 이 도시에 세워진 할레대학은 베를린과 괴팅겐이 독일 수학의 양대 명문으로 군림하던 당시 그두 대학으로 진입하기 위한 환승역 같은 곳이었다. 칸토어처럼 가능성이 밑천인 젊은 수학자들은 이 도시에서 자신의 운을 시험하였다.

　　카린 리히터 교수는 할레대학(현재는 할레비텐베르크마르틴루터대학)에서 수학 교사가 되려는 학생들을 가르치고 있다. 100년 전 이 학교의 교수였던 칸토어의 삶과 학문을 연구하는 것도 그녀의 일이다.

"무한이 어떤 비밀스러운 것을 품고 있다고 하는데 저도 그렇게 생각해요. 세계는 무한하고, 그 마지막은 알 수 없다는 거죠. 그러나 우리에게는 이것과 씨름할 능력이 있습니다."

무한과의 씨름. 지금도 그렇고 100년 전에도 무한은 신의 영역을 건드리는 일이었다. 하지만 칸토어는 망설이지 않았다. 무한이야말로 신의 영역을 드러내는 일이 아닐까? 그는 신의 얼굴을 보기로 한다.

현재 할레 시내에는 그가 살던 집이 그대로 남아 있다. 1880년대 칸토어가 가족을 위해 지은 집이다. 1886년에 입주하여 세상을 떠날 때까지 40년을 여기서 살았다. 그는 천성적으로 예술적 기질이 풍부하고 조금 유약하며, 아주 다정다감한 사람이었다. 여동생의 친구와 결혼한 뒤 안락한 삶을 살던 그가 달라진 것은 무한을 만나고 나서였다.

마침내 무한이 열리다!

베를린이나 괴팅겐 같은 수학의 명문으로 진출하고 싶었던 칸토어의 소망은 쉽게 이뤄지지 않았다. 결코 수준 낮은 대학이 아니었음에도, 그는 할레대학에서 재직하는 내내 이류 학교에서 벗어나지 못한다는 불만을 안고 살았다. 그런 아쉬움을 달래기 위해서였을까. 재직 후 몇 년 동안 논문 발표에 열의를 쏟아 주목할 만한 결과들을 얻어낸다. 그중 가장 중요한 것은 무한급수에 관한 연구였다.

1, 2, 3, 4, 5, 6, 7,…… 이런 식으로 무한히 이어지는 것을 무한수열이라

한다. 이를 더한 것이 무한급수다. 1+2+3+4+5+6+7+…… 이 덧셈의 끝은 뭘까. '무한대'다. 이렇게 어느 무한급수의 합이 무한히 많아질 때 우리는 그 결과를 '발산'한다고 말한다. 그렇다면 아래의 무한급수는 어떨까.

$$\frac{1}{2}+\frac{1}{4}+\frac{1}{8}+\frac{1}{16}+\frac{1}{32}+\cdots\cdots$$

언뜻 보면 이 답도 무한대가 될 것 같다. 그런데 한번 분수를 소수로 바꿔서 더해 보라. 0.5+0.25+0.125+0.0625+0.03125…… 무한히 늘어나는 게 아니라 끝없이 '1'로 다가서는 걸 알게 될 것이다. 이처럼 무한급수의 합이 발산하지 않고 특정한 수로 다가서는 것을 '수렴'이라 한다. 어떤 것은 무한대로 퍼져 나가고, 또 어떤 것은 특정한 수를 향해 무한히 작아진다. 칸토어는 여기에서 어렴풋이 무한의 실체를 느꼈다. 끝없이 작아지기도 하고 커지기도 하는 무한. 칸토어가 그 세계를 열어 보인 것은 '무한을 세는 법'을 알게 되면서였다. 케이스웨스턴리저브대학 콜린 맥라티 교수는 칸토어가 그 힌트를 갈릴레오에게서 얻었다고 말한다. "갈릴레오는 말했죠. '일대일 대응을 할 수 있으면 두 집합은 크기가 같아. 봐, 그래서 자연수와 짝수는 개수가 같은 거야.' 칸토어는 말합니다. '그래, 맞아. 이걸 붙들어야 해.'"

무한으로 가기 전에 먼저 유한을 알아야 한다. 앞서 갈릴레오가 든 예의 또 다른 버전을 보자.(왼쪽 그림 참조) 한 버스 안에 빈 좌석들이 있고 정류장에는 버스를 기다리는 사람들이 있다. 이때 빈 좌석과 사람들 중 어떤 것이 더 많은지 알 수 있는 방법은 무엇일까. 간단하다. 일대일로 앉혀 보면 안다. 지금처럼 사람이 의자보다 하나 더 많으니 사람의 집합과 빈 좌석의 집합에서 사람 쪽이 더 개수가 많다. 이처럼 집합의 원소들을 일대일로 대응하면 어느 한쪽의 크기가 더 크고 작은지를 알 수 있다.

그러나 이것은 원소의 개수가 정해진 유한집합의 경우다. 그렇다면 자연수, 정수, 유리수, 실수들처럼 원소들이 무한한 집합은 어떤가. 칸토어의 기발함은 무한집합도 '셀 수 있다.'고 생각했다는 점이다. 갈릴레오는 무한을 셀 수 없다고 하지 않았던가? 아이러니하게도, 칸토어의 아이디어는 갈릴레오의 방식과 별다르지 않았다. 서로 다른 집합을 나열해서 일대일 대응을 시켜 보는 것 말이다.

짝수들의 집합과 홀수들의 집합 모두 자연수 집합의 부분집합이지만 자

연수와 짝수, 자연수와 홀수는 모두 일대일 대응이 된다. 두 집합이 일대일 대응이 된다면 집합들의 크기는 같은 것이다. 따라서 자연수와 짝수, 자연수와 홀수 집합의 크기는 같다! 맥라티 교수의 설명이 이어진다.

"무한집합은 무한히 많습니다. 여기서 더 큰 연구가 시작되죠. 그러나 일단은 일대일 대응에 집중합니다. 아무리 괴상해 보여도 일대일 대응만 된다면 둘은 개수가 같다고 칸토어는 생각합니다. 그리고 이것으로 아름다운 이론을 만들어 냅니다."

할레 시내에 그 이론을 기록해 놓은 기념비가 있다. 비문과 함께 새겨진 난해한 도형. 이것이 수학사를 바꿔 버리게 된다. 그가 남긴 힌트는 뭘까. 도형은 또 하나의 무한집합인 분수도 '셀 수 있다.'는 것을 보여 준다.

이제 칸토어는 분수를 세기로 한다. 분수도 차례대로 줄만 세우면 자연수와 비교를 할 수가 있다. 먼저 분자가 1인 분수들을 나열한다. 끝없이 계속될 것이다. 다음은 분자가 2인 분수들을 세운다. 역시 계속 이어진다. 그 다음은 3, 그리고 4…… 이런 식이면 어떤 분수라도 여기에 다 들어갈 수 있

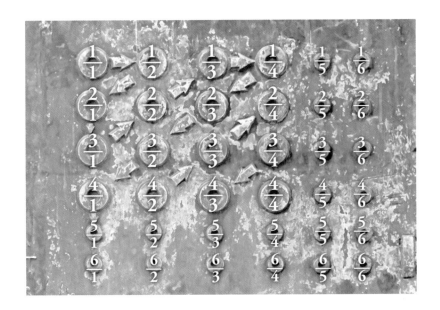

다. 자, 이것들을 세려면 줄을 세울 수 있어야 한다. 그래야 자연수의 1, 2, 3, 4…… 원소들과 일대일 대응을 시킬 게 아닌가. 그 답은 저 화살표에 있다.

화살표대로 줄을 세우면, 무질서해 보이던 무한 개의 분수가 일렬로 줄을 서게 된다. 분수를 자연수와 일대일 대응시켰을 때, 짝을 이루지 못한 원소는 없다. 무슨 얘기인가? 자연수의 집합과 분수의 집합도 크기가 같다는 것이다.

'전체는 부분보다 크다.' 고대 그리스 때부터 내려온 그 공리의 문턱에 무한은 번번이 걸려 넘어졌다. 짝수는 자연수의 부분이니 자연수와 같을 수 없었다. 자연수는 정수의 부분, 정수는 또 유리수의 부분이니

결코 같을 수 없었다. 그런데 칸토어가 일대일 대응으로 그 문턱을 넘어 버렸다. 이제 자연수 집합의 크기는 정수, 유리수의 집합과 같다. 기존의 세계가 그려 놓은 우주를 칸토어가 훌쩍 넘어가 버린 것이다.

이것이 어떤 결과를 낳았는가? 갈릴레오가 보여 준 둘레가 다른 두 원의 궤적을 다시 보자.

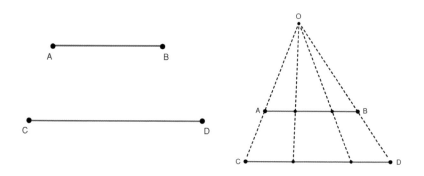

$\overline{AB}$는 작은 원이 굴러간 길, $\overline{CD}$는 큰 원이 굴러간 길이다. 그리고 심플리치오가 궁금해 했던 점이 있다. 이들은 모두 일대일 대응이 된다. 칸토어 이전에 보여 준 세계는 여기까지였다. 그것은 지름이 다른 두 원이나 반원의 둘레도 마찬가지였다.

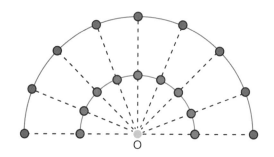

그러나 이것은 1차원의 세계다. 칸토어는 여기서 더 나아가 차원이 다른 것들도 일대일 대응이 된다고 말한다. 다시 말해, 그것들이 '서로 같다.'는 것이다.

"한 직선 위의 모든 점들과 n차원의 연속공간에 있는 모든 점들은 일대일 대응된다."

그래서 1차원의 선에 있는 무한개의 점들과 2차원 사각형 안에 있는 무한개의 점들은 일대일 대응이 되어 서로 같다. 그렇게 되면 나뭇잎 위의 점과 지구 표면의 점도 개수가 같다고 말할 수 있다.

무한의 세계에서는 부분도 전체만큼 풍요로워졌다. 그가 절친한 동료 수학자에게 보낸 편지를 보면 이런 엄청난 비밀 앞에서 칸토어 자신도 무척 놀랐던가 보다.

"정말 나는 보았네. 하지만 내 두 눈으로 본 것을 도저히 믿을 수가 없다네."

마침내 오랜 세월 인간이 다가서지 못한 무한이 자신의 얼굴을 드러내고 있었다.

유한의 시대, 무한에 저항하다

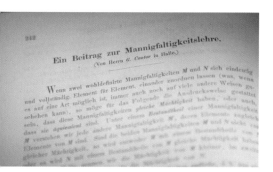

왼쪽은 1878년 《크렐레 저널》에 실린 「집합론의 한 고찰」이란 논문이다. 칸토어는 이 논문이 닫힌 세계의 문을 열거라고 확신했으며, 자신에게는 베를린대학으로 가는 발판이 될 거라고 기대했다. 그러나 카린

리히터 교수의 말을 들어 보니 결과는 그의 기대와 전혀 다르게 나타났던 것 같다.

"많은 수학자들이 칸토어의 생각을 이해하지 못했어요. 그는 많은 이의제기에 시달렸지만 또 이에 맞서 싸웠죠. 100년, 120년 전도 오늘날과 다르지 않습니다. 학문 논쟁에 휘말리면 아주 격렬해질 수 있었죠. 이것도 칸토어라는 인물을 만들었습니다. 그는 힘 있는 논쟁자였거든요."

칸토어를 향한 반발은 컸다. 사실 논문 「집합론의 한 고찰」을 투고한 것은 발표가 되기 한 해 전. 논문이 게재되기까지 수학계의 압력을 이겨 내야 하는 어려움이 있었다. 그리고 칸토어를 향한 무자비한 전쟁의 중심에는 당시 수학계의 '대부'였던 크로네커가 있었다.

크로네커는 이렇게 말했다.

"어떤 양이 존재한다는 증명이 제대로 이뤄졌다면, 그 양을 원하는 만큼 정확하게 계산할 수 있어야 한다."

크로네거의 이 말에서 그가 무한을 대하는 태도가 느껴진다. 그에게 수학이란 모름지기 인간의 이해를 목적으로 만들어 낸 것이어서 유한한 세계여야만 했다. 그런데 한낱 인간이 감히 무한을 셀 수 있다고? 그것이 한때 자신이 가르치기도 했던 칸토어에게 크로네커가 그토록 분노했던 이유였다. 옛 제자의 관심이 무한을 향하려는 조짐이 보였을 때부터 불편해지기 시작한 둘 사이는 점점 돌이킬 수 없는 관계로 치달았다. 크로네커는 칸토어의 논문 발표를 막고자 압력을 행사했다. 칸토어는 자신이 베를린대학이나 괴팅겐대학으로 진출하지 못하는 이유가 옛 스승의 부당한 권력 행사 때문이라고 여겼다. 젊은 수학자들을 중심으로 칸토어의 위상은 갈수록 높아졌어도 현실에서 크게 달라지는 건 없었다. 이십 대 시절부터 앓아 온 조울증이 악화됐고, 급기야 마흔 살에는 신경쇠약 증세를 보이기 시작했다.

"그 병은 복합적인 증상을 보입니다. 즐거운 기분, 우울한 기분, 고양된 행동, 풀 죽은 행동, 망상, 환청 같은 많은 다른 증상을 동반하죠."

할레대학 정신병원장인 댄 러제스쿠의 설명이다. 발병 후 그는 세상을 떠날 때까지 이 병원에서 입원과 퇴원을 반복하며 살았다.

언제 또 발작할지 모른다는 불안감. 학계의 조롱. 고통스러웠던 그의 마음에 어느 때인가부터 신의 목소리가 들려왔다. 그는 종교의 세계로 더욱 침잠해 들어간다. 그러는 사이 칸토어는 자신이 발명한 무한이 절대무한인 신의 세계로 나아가는 여정이라고까지 생각하게 됐다.

"무한에 관한 참된 이론을 기독교 철학에 본격적으로 도입시킨 사람은 바로 나다!"

당당하게 이런 자부심을 내비칠 정도였다. 그러나 칸토어가 스스로를 수학자가 아닌 신의 대리자로 느낄수록 현실 속 그의 모습은 불안정해지기만

했다.

"우울한 시기였죠. 칸토어는 많이 시달렸습니다. 그는 편지에 이렇게 쓰기도 했어요. 우울증 때문에 수학에 몰두가 안 되고 연구를 계속할 수 없다고. 우울증이 자신의 활동을 침해한다고 느꼈던 거죠."

리히터 교수가 건넨 그의 자필 편지를 보면 딱 맞는 단어를 찾을 때까지 지우고 또 지운 흔적이 담겨 있다. 자신에게도 수학에게도 엄격했던 사람. 그런 칸토어가 칼처럼 날카로워진 신경을 가지고 새로운 도전을 시작했다. 실수(實數)의 세계였다. 유리수, 무리수, 초월수를 포함한 또 다른 무한의 영역.

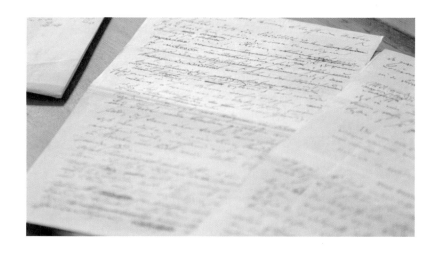

앞서 우리는 자연수가 그것의 부분집합인 짝수 또는 홀수와 일대일 대응으로 크기가 같다는 사실을 알았다. 똑같은 원리로 자연수-정수, 자연수-유리수는 크기가 같은 집합임도 확인할 수 있었다. 이처럼 어떤 집합을 자연수 집합과 일대일 대응시킨다는 것은 그 집합의 크기(원소의 개수)를 '셈할 수 있다.'는 얘기다. 이것을 가리켜 우리는 가산(可算)집합이라 한다. 어떤 가산집합이든 자연수의 집합과 크기가 같다. 원소의 개수를 셀 수 있다면 차례대로 나열할 수 있을 것이고, 나열한 순서대로 자연수 집합의 1, 2, 3, 4…… 원소들과 일대일 대응시키면 되기 때문이다.

칸토어가 새롭게 도전한 것은 '과연 실수도 그처럼 줄을 세워 셀 수 있는가?'였다. 그러나 그것은 불가능했다. 그는 실수 집합이 어떤 방법을 동원해도 '셀 수 없는' 불가산(不可算)의 세계임을 증명해 낸다. 이 말은 무한에도 셀 수 있는 것과 없는 것이 있음을, 다시 말해 '무한에도 급이 다른 크기가 있다.'는 사실을 가리킨다. 오직 칸토어만이 본 무한이었다. 힘겨운 정신적 투쟁과 노동 끝에 1918년, 그는 더 큰 무한의 세계를 숙제로 남긴 채 이 가산의 세계를 떠났다.

고통스러웠던 말년. 너무나 앞서간 나머지 다른 수학자들로부터 받았던 적대와 비방. 그런 약간의 정보만으로 그의 삶을 불운과 연관 짓는다면 지나친 억측일까. 분명한 것은 칸토어가 동시대의 누구보다 앞서 무한의 형상을 보았다는 사실이고, 많은 주류 수학계의 '아버지들'이 그의 외침을 듣지 못했다는 점이다. 혹은 외면했거나!

그의 삶에서 문득 슈베르트의 「마왕」이 다시 오버랩 되는 건 어쩌면 그런 이유 때문인지도 모르겠다.

"아버지, 마왕이 보이지 않으세요?"

"아들아, 그건 그저 엷게 퍼져 있는 안개란다."

칸토어의 묘비

　혼자서만 검은 망토의 존재를 본 소년은 아직 눈 뜨지 못한 시대의 무관심 속에서 외롭게 여위어 갔을 뿐이다. 그래도 나약하고 유한했던 그의 영혼이 열어젖힌 세계 속에서 오늘 우리는 무한을 보고 있지 않은가. 리히터 교수처럼 더없이 그를 존경하는 이들도 끊이지 않을 테고 말이다. "칸토어의 무덤 앞에 서니까 그와 같은 대학에서 가르치고 연구할 수 있다는 게 큰 영광이라고 느껴지네요. 나는 그에게 무한에 대해서 물어보고 싶을 때가 많아요. 흥미로운 토론이 될 것 같아요."

　칸토어는 끝없이 커지거나 끝없이 작아져서 그 끝을 볼 수 없는 무한을 우리에게 보여 주었다. 유한한 우리가 두려워 발 디디지 못한 영역. 그 마왕의 세계를 명징한 인간의 이성으로 밝혀 준 것이다.

"내가 유일하게 옳다고 생각하는 이 견해를 지지하는 사람은 많지 않다. 어쩌면 내가 역사상 맨 처음으로 모든 타당한 논리적인 근거를 가지고 그런 입장을 분명히 취한 사람일 것이다. 한편 나는 알거니와 내가 이런 논의를 하는 마지막 사람은 분명 아니다."

—게오르그 칸토어(1845-1918)

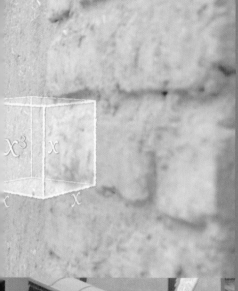
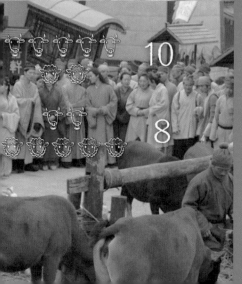

제3부

자유의 수

x

우리는 항상 모르는 것을 알고 싶어 한다. 더 많은 것을 알고 싶어 하며, 아는 것을 설명하고 싶어 한다. 이러한 욕구에서 탄생한 방정식은 복잡하고 복합적인 현상에 놀랄 만큼 정확한 예측을 제시해 주었다. 규정된 의미가 담겨 있지 않은 미지수 x를 통해 모르는 양을 나타내고, 나아가 우리가 생각하는 어떤 사물도 지칭할 수 있게 되면서, 인류 문명은 거대한 관념적 진보를 이룰 수 있었다.

Numbers
x

세계 최초로 열기구를 실험했고, 백화점이 생겼으며, 영화가 탄생했던 도시. 무엇보다 아름답다는 단어로 오랫동안 일컬어진 도시. 사람들은 파리를 그렇게 부르고는 한다. 바로 이 도시 한가운데에 프랑스학술원(프랑스과학아카데미)이 보석처럼 박혀 있다. 200년 넘는 역사를 지닌 이곳에서 우리는 파리 시민들이 무척이나 소중히 간직해 온 물건 하나를 만날 수 있다.

그것은 바로 스무 살짜리 어느 대학생이 쓴 편지다. 들여다보니 불만 가득한 항의 서한으로, 자기 논문을 왜 잃어버렸냐고 따지는 내용이 실려 있다.

"내 이름이 갈루아이고, 자살자의 아들이고
공화주의자라는 이유로 감옥에 갔고, 겨우 학생이기 때문입니까?
논문을 다시 쓴다 한들 그것과 같을 수 있겠습니까?"

편지를 읽어 준 장 피에르 칸 학술원장은 이 글을 처음 봤을 때 '조금 놀랐다.'고 한다. 혹시, 앳된 청년 하나가 보여 주는 당돌한 자의식 때문은 아니었을까.

갈루아의 항의 서한

"이 편지에 대해서는 전에도 알고 있었지만 무엇보다 '내 이름이 갈루아이기 때문인가?'라고 묻는 문장이 제 관심을 끌었죠. 왜 이 논문을 소홀히 다뤘을까요? 그의 이름이 갈루아이기 때문에?"

청년이 편지를 쓴 때는 약 200년 전. 당시에 그는 아마도 불온분자로 낙인이 찍혀 있었던 것 같다. 그래서 자신의 논문을 학술원이 함부로 대한 것 아니냐는 약간의 피해의식이 있었던 듯하다. 사랑하고, 말하고, 걷고, 사람마저 아름다운 풍경이 되는 곳, 파리. 그런데 이 도시와 200년 전 어느 과격했던 청년의 인연은 정녕 그런 불편한 관계로만 연결돼 있을까. 꼭 그렇지만은 않아 보인다. 신기하게도 어떤 공통분모 하나가 둘 사이에 놓여 있는 것이다. 도대체 무엇이? 그것은 '아름다움'이라는 요소다. 바로 갈루아의 논문에 담겨 있던 그 세계 말이다.

"신은 조금 특이한 방법으로 갈루아를 사랑했습니다. 그의 삶에는 항상 역경이 있었죠."

'신은 자기가 사랑하는 이에게 고난을 선사한다.'는 류의 격언을 믿는다면 칸 원장의 말은 사실이다. 갈루아의 천재성은 꼭 그만큼의 불운과 비례했으니까. 더욱이 그는 이 항의 편지를 쓴 지 얼마 되지 않아, '공화주의자'라고 밝힌 자신의 정치적 신념이 아닌 불행한 치정극으로 인해 세상을 뜨게 된다.

1832년 5월 30일 프랑스 파리 인근 장터에. 새벽안개 깔린 숲속에 갈루아는 환영처럼 서 있었을 게다. 눈을 가린 채 두 개의 총 중에서 하나를 고르는 그의 심정이 어땠을까. 총알은 두 자루 중 하나에만 들어 있었다. 결투를 앞두고 생의 목전에 다다른 청년의 뇌리에는 어쩌면 세상에 띄운 마지막 편지의 한 구절이 떠올랐을지도 모른다.

"애국자들과 친구들에게 부탁하건대, 내가 나의 조국이 아닌 다른 것을 위해 죽었다는 이유로 질책하지 말아 주오."

그 자리에 서기 전, 청년은 지난 밤 내내 땀과 눈물에 젖어 세 통의 편지를 썼다. 그중 "모든 공화주의자에게"로 시작하는 편지에서 갈루아는 한 여인과 또 다른 남자와 얽힌 연애 따위로 죽어야 하는 자신의 처지를 한탄했다. "아! 나는 왜 이토록 사소하고 비루한 일로 죽어야 하는 겁니까?"

물론, 죽음을 예감했던 청년이 보낸 하룻밤은 결코 사소하거나 비루하지 않았다. 세 통 가운데 또 다른 한 통의 편지(수신인은 친구인 슈발리에였다.)는 40년 후 수학의 역사를 영원히 바꿔 놓아 버리기 때문이다. 그렇다 해도, 새로운 삶을 준비하는 새벽 여명이 그 청년에게만은 죽음의 신호일 뿐이었다는 사실까지 바뀐 건 아니었다. 죽음을 예감한 그는 다급했을까. 아마 그랬을 것이다. 휘갈겨 쓴 문체에서 고스란히 드러나듯이 말이다.

"이제 시간이 없네. 너무 없어!"

파리한 얼굴로 사선(射線)에 선 그가 신호를 기다린다. 심판관의 손에서 하얀 손수건이 떨어졌고, 한 발의 총성이 울렸다. 한 생명이 그렇게 떠나갔다. 그리고 새로이 한 역사가 일어섰다. 세상은 연약한 목숨 하나를 쉬이 거둬 갔지만, 그가 남긴 불멸의 업적만큼은 어찌 할 수가 없었다. 그의 편지에는 방정식의 발전에 신기원을 이루는 이정표가 담겨 있었기 때문이다. 그로 인해 미지수 x의 역사는 완전히 바뀌어 버린다. 그것이 어떤 이정표였고, 세상을 어떻게 바꾸었는지 처음부터 이해하기란 결코 쉽지가 않다. 그러니 찬찬히 역사를 거슬러 오르는 수밖에.

수의 혁명, 모르는 수를 아는 것으로

수와 셈도 삶을 따라 복잡해진다

세상의 처음에 수가 있었다. 삶의 끝을 모르듯 우리는 수의 끝도 모른다.

대체 우리는 어떻게 수를 셈하게 됐을까. 이해하려면 사냥꾼의 눈이 필요하다. 그 눈을 가지고 고대 중국의 장터로 들어가 보자.

시장만큼 인간의 삶이 분주하고 치열해지는 곳도 없다. 새장수가 들고 있는 조롱 하나에 새 2마리가 들어 있고, 다른 조롱 하나에는 1마리가 들어 있다. 모두 3마리다. 이것은 더하기 문제. 때로는 억울하고 분한 마음으로 뺄셈을 배울 수도 있다. 한 소녀의 손에 담긴 찐빵 4개는 배고픈 날치기 소년에게 1개를 빼앗겨 3개가 됐다. 나눗셈을 하기에는 시간이 더 필요하지만 곱셈은 좀 더 쉽다. 가지런히 벌려 놓은 옥수수의 수는 1묶음에 4개, 이것이 5묶음이면 4×5=20개다.

그런데 시간이 흐르면 전혀 새로운 것이 수의 세계로 들어선다. 그것이 무엇인지, 저기 소와 양들을 끌고 오는 부부에게 물어보자. 그런데 꼴을 보아 하니, 씩씩거리는 아내에게 끌려오는 것이 짐승인지 남편인지 도통 헷갈리기만 한다.

아내는 왜 화가 났을까. 쭈뼛거리는 모양새를 보니 남편이 문제다. 사연은 이렇다. 남편이 소 5마리와 양 2마리를 10냥이나 주고 샀는데 소와 양 1마리씩의 값이 얼마인지 모른단다.

"도대체 소 한 마리에 얼마고 양 한 마리에 얼마길래 열 냥을 다 쓰고 왔냐고!"

"그게 거시기 참…… 나도 당최…… 내가 셈을 할 줄 알아야 말이지."

장터는 이미 그들의 무대가 됐다. 구경하려는 이들로 시끌시끌한데, 남자의 손에 쥐인 밧줄에는 소와 양들이 내 일 아니라는 듯 입만 우물거리고 있다.

소 1마리가 1냥, 양이 각 2냥 반이면 10냥이 된다.(1×5+2.5×2=10) 그런데 소가 8푼(0.8냥), 양이 3냥이어도 10냥인데?(0.8×5+3×2=10) 장삿꾼이 인심 좋은 사람이었으면 소 1마리에 2냥씩 치고 양은 공짜로 주었을 수도 있겠다.(2×5+0×2=10) 이거야 원, 이런 식이면 경우의 수가 너무 많지 않은가.

그런데 엎친 데 덮친 격이다. 저만치에서 또 한 쌍의 부부가 등장한다. 이쪽은 분위기가 더 험악하다. 남편이 쥔 고삐에는 소 2마리와 양 5마리가 끌려오고 있다.

"말해. 소랑 양이랑 하나에 얼마씩이야. 얼마길래 여덟 냥이 들었냐고?"

"아 글씨 임자, 귀 좀 놓고 말하면 안 될까…… 그게 내가 셈 흐린 거 알잖여……."

"내가 못 살아 정말!"

양쪽 아낙들의 외침이 동시에 터져 나온다. 삶이 시작될 때부터 우리와 함께해 온 수는 삶이 복잡해질수록 좀 더 복잡한 셈법을 요구한다. 약 2000년 전에도 실제로 이런 문제를 가지고 고민했던 이들이 있었다.

방정(方程), 고대 중국의 셈법

『구장산술(九章算術)』. 중국의 모든 수학책 가운데 가장 영향력이 큰 책으로 산술에 관한 아홉 개의 장을 기술해 놓은 책이다. 기원전 250년 무렵에 엮었지만 내용은 그보다 1000여 년 앞선 시절부터 전해 내려온 것으로 전해진다. 고대 중국인들은 이 책에 실린 산술로 토지를 측량하고 건물을 지었다. 뿐만 아니라 곡식을 거래하고 세금을 징수하는 일에도 썼다. 방정식의 방정(方程)은 여기에서

『구장산술』

나온 말이다. 방(方)은 사각형. 네모 안에 수를 넣어서 정(程)! 셈을 헤아렸다는 뜻이다. 모두 246개의 문제가 실려 있는데 소와 양의 값 때문에 장터에서 소란을 일으킨 문제도 이 책의 8장 '방정' 편에서 다룬 것이다.

소 5마리와 양 2마리가 10냥이다. 소 2마리와 양 5마리는 8냥이다. 소와 양은 각각 얼마인가?(今有牛五, 羊二直金十兩. 牛二, 羊五直金八兩. 問牛羊各直金幾何)

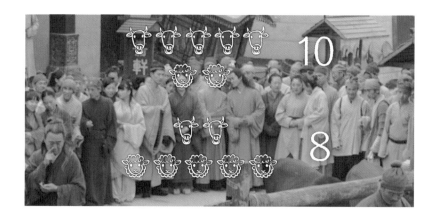

우리는 여기서 두 가지 정보를 얻게 된다.

소 5마리 + 양 2마리 = 10냥
소 2마리 + 양 5마리 = 8냥

그런데 이것은 그냥 어림짐작하기에는 너무 어렵다. 사람들은 도대체 왜 이런 어려운 문제를 가지고 씨름하는 것일까. 오픈대학 수학과의 제레미 그

레이 교수가 그 이유를 들려준다.

"왜 우리에게 방정식이 필요할까요? 우리가 모르는 어떤 것에 대해 아는 부분이 있기 때문입니다. 그래서 '우리가 아는 것은'이라는 식으로 설명하죠. 그래서 방정식은 이런 말입니다. '아는 것들이 모르는 것과 같다. 모르는 것들이 정교하게 결합된 것이 바로 우리가 아는 그것이다.'라는 거죠. 그래서 우리는 모르는 그것을 해체해서 그 속에서 아는 것을 찾고 싶어 하죠."

약간 모호한가? 그럼 다시 설명해 보자. '소 5마리와 양 2마리를 합친 값은 10냥이다.' 이것은 결국 'A는 B다.'라는 평서문이다. 방정식은 이 문장을 의문문으로 바꾼다. 그레이 교수의 말을 따르자면, '우리가 아는 것'은 '소 5마리와 양 2마리를 합친 값은 10냥'이라는 사실이고, 방정식은 이것을 '소 5마리 + 양 2마리 = 10냥일 때 소와 양 1마리 값은 각각 얼마인가?'로 바꾼다는 얘기다. 우리가 이미 아는 것 속에서 모르는 것의 정체를 알아 가는 것이 방정식의 본질이다. 모르는 것, 우리는 그것을 '미지수'라고 부른다.

하지만 동서양을 막론하고 수를 다룬다는 것은 일부 특권층만이 할 수 있는 일이었다. 『구장산술』은 나라에서 발간한 책이었고 고급 관리들만의 전유물이었다. 장터의 소란을 잠재울 해결사도 그들의 역할이었다. 한데 어떻게?

이제 '산대'가 등장한다. 산대란 산가지, 산목(算木), 산책(算策) 등으로도 불린 고대의 첨단 계산기다. 당시 관리들은 지름이 3푼(약 0.7cm), 길이 6촌(약 14cm)짜리 대나무를 가지고 다니며 계산을 했다고 한다. 그것으로 표현한 기수법은 아주 간단했다.

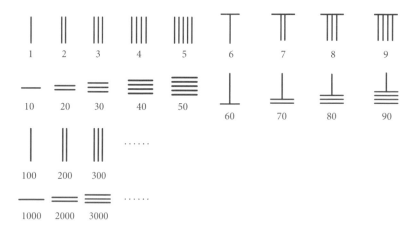

만, 십만, 백만 단위도 위와 같은 형식으로 서로 번갈아 가며 표시한다. 당시에는 자릿수 개념도 있었다. 산가지 두 개를 붙여 놓으면 2이고 둘 사이를 떨어뜨려 놓으면 101이 되는 식이었다. 자릿수 0을 빈칸으로 표시한 것이다. 이런 식의 산대 표시를 하며 계산을 해 나갔는데, 간단히 시범을 보이자면 이렇다. 가령, 123 더하기 123의 경우다.

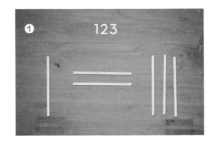

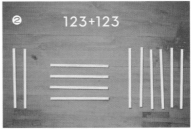

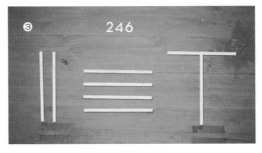

먼저 123을 놓고(❶), 그다음 백, 이십, 삼을 더한다(❷). 끝자리의 6은 앞서 열거한 표기법에 따라 바꿔 주기만 하면 된다(❸). 답은 246. 쉽다. 이제 이런 방식으로 소와 양 문제를 풀어 보자. 아는 것을 놓고 모르는 것을 찾는 방식 말이다. 우리가 아는 것은 이것이다.

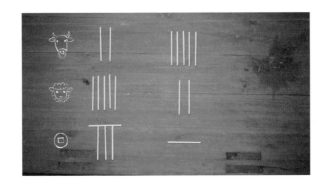

이해하기 쉽게 현대적인 방식을 동원해 본다.

소 1마리, 양 1마리의 값을 각각 x와 y라고 하면,

소 5마리 + 양 2마리 = 10냥 $\Rightarrow 5x+2y=10$ …… ①

소 2마리 + 양 5마리 = 8냥 $\Rightarrow 2x+5y=8$ …… ②

계산판에는 옛날 방식대로 왼쪽부터 시작하는 순서(② $\Rightarrow$ ①)로 놓는다.

이제 ②의 식에 ①의 x항 계수 5를 곱한다.

$2x+5y=8$ …… ②

② × 5

$10x+25y=40$ …… ③

③을 산대로 표현하면 아래 그림의 오른쪽과 같이 될 것이다.

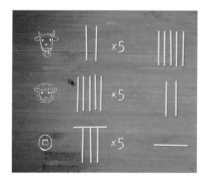 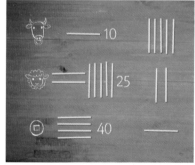

다음은 ①에 ②의 x항 계수 2를 곱한다.

$5x + 2y = 10$ …… ①

①×2

$10x + 4y = 20$ …… ④

여기에서 ③ − ④를 하면,

$10x + 25y = 40$ …… ③

$10x + 4y = 20$ …… ④

$21y = 20$ …… ⑤

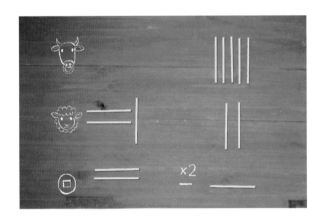

이렇게 해서 y값을 얻을 수 있게 됐다.

이제 x를 구해 보자.

현대의 2원1차연립방정식 풀이의 경우, 미지수의 값 하나를 구해서 원래의 식에 대입하면 다른 미지수의 값을 간단히 구할 수 있지만 산대의 방식은 조금 달랐다. 앞의 방식이 다시 지루하게 반복되는 것이다.

①에 새로 얻은 ⑤의 y 계수 21을 곱한다.

$5x+2y=10$ …… ①

①×21

$105x+42y=210$ …… ⑥

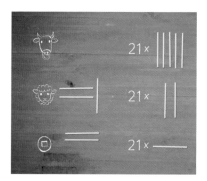 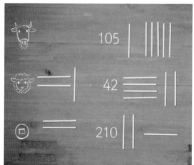

다시, ⑤에 ①의 y 계수 2를 곱한다.

$21y=20$ …… ⑤

⑤×2

$42y=40$ …… ⑦

이제 ⑥ - ⑦을 하면

$105x+42y=210$ …… ⑥

$42y=40$ …… ⑦

$$105x = 170$$

마침내 x와 y의 값을 얻었다.

실제로 이를 계산할 때는 주판을 튕기는 것처럼 손이 보이지 않을 정도의 속도로 산대를 썼다고 한다. 그렇게 해서 나온 소 1마리 양 1마리 값은 다음과 같다.

참 신통방통하지 않은가.

소 5마리와 양 2마리를 10냥 주고 샀다고 그냥 고개만 끄덕이고 있었다면 우리는 정말 중요한 것을 놓쳤을 것이다. '아는 것'에서 하나의 의문을 던지고, '모르는 것'의 해답을 끝내 풀어내다니! 그렇게 우리는 방정식을 풀었고, 장터의 소란에 평화를 가져올 수 있었다. 그렇지만 하나의 발전은 조금 더 복잡해진 삶을 불러올 것이다. 과연 또 어떤 문제가 우리를 기다리고 있을까.

이제 걸음을 서역으로 옮길 차례다.

3차방정식에 도전한 시인, 오마르 카이얌

수학에서 삶의 정수를 뽑아낸 시인

지금은 이란이지만 예전에는 페르시아로 불리던 땅. 1935년 국호를 바꾸면서 페르시아는 전설 속의 나라가 됐다. 그러나 여전히 제국의 전통은 바다와 산맥과 사막으로 둘러싸인 이 고원지대를 면면히 흐른다. 그 속에는 사실처럼 전해 내려오는 이야기도 섞여 흐른다. 인생은 문제의 연속이고 어떤 것은 정말 풀기가 어렵다. 우리가 중국에서 배운 방정식은 삶의 문제를 해결하는 한 방편이지만, 세상이 복잡해지면 해법은 더 어려워질 것이다. 지금 우리가 듣고자 하는 전설 속에도 그처럼 꼬인 삶들이 있었다. 한 차원 더 높은 방정식은 그 이야기 속의 한 인물에서 시작한다.

"11세기, 한 스승 밑에서 공부하던 세 사람이 있었다.
그들은 나중에 페르시아에서 가장 유명한 인물이 된다.
한 사람은 셀주크제국의 명재상, 또 한 사람은 암살자,
마지막 한 사람은 시인이다."

세 사람은 니잠, 하산, 그리고 오마르다. 그들은 어려서부터 '한 명이 성공하면 부와 권력을 셋이서 공유하자.'는 약속을 했다고 한다. 니잠이 먼저 출세했다. 약속대로 그는 두 친구에게 궁정의 높은 직위를 제안한다. 그런데 하산은 이를 받아들인 반면 오마르는 거절했다. 대신 그는 니잠에게 생계 걱정 없이 학문을 연구할 수 있게 해 달라고 부탁한다. 니잠은 오마르의 부

탁을 들어줬다.

이 이야기의 끝은 비극이었다. 니잠은 셀주크제국의 명재상으로 이름을 날렸고, 하산은 그의 도움으로 궁정에 입성한다. 하지만 둘 사이에서 어느 덧 갈등이 생겨나고, 궁정에서 쫓겨난 하산은 암살단의 두목이 되어 옛 친구를 살해한다. 두 사람이 정말로 친구 사이였는지를 떠나서 하산의 암살단인 '하사신'이 니잠을 죽인 것은 역사적 사실이다. 암살자라는 영어 '어쌔신Assassin'은 '하산을 따르는 자들'이라는 뜻의 하사신Hashashin에서 왔다고 한다. 또는 암살 전 킬러들이 대마의 일종인 해시시Hashish를 피웠다는 데서 유래했다는 설도 있다.

이제 세 친구 중에서 오마르만이 남았다. 정치와 종교적 갈등에서 한 발비껴나 있던 그는 시와 학문의 자유 속에서 홀로 평온한 삶을 누렸다. 그가 바로 오마르 카이얌이다. 방정식의 역사에서 커다란 족적을 남긴 수학자였지만 시인으로 더 많이 알려진 사람. 지금도 매년 5월 18일이면 그의 탄생을 기념하는 '오마르 카이얌의 날'이 펼쳐진다. 이란에서는 그가 11세기에 만든 달력을 지금도 쓰고 있단다. 이란 3대 건축물 중 하나가 그의 무덤이라니, 얼마나 큰 사랑을 받고 있는지 알 만하다. 시인과 수학자. 카이얌을 가리키는 그

단어들은 모두 삶의 정수를 알아야 하는 직업이라는 공통점이 있다.

'모르는 것'에 이름을 붙이다

"어떤 나라들도 페르시아만큼 외국의 관습을 기꺼이 채택하지 않았다."

그리스 역사가 헤로도토스가 전한 페르시아의 모습이다. 아랍에 의해 병합되기 전 근동의 맹주로 군림하던 제국. 이 영토를 채운 건 다양한 문명과 민족들이 뒤섞여 피워 낸 문화였다. 그들은 왕성한 식욕으로 이민족의 문화를 융합하면서 새로운 문명을 만들어 나갔다. 아랍에 정복된 후에도 마찬가지였다. 이슬람제국이 전성기에 들어선 8~9세기, 그들의 수학이 세계 최고 수준에 이를 수 있었던 데에는 페르시아 출신 학자들의 힘이 컸다. 그중 가장 중요한 인물이 카이얌보다 약 200년 앞서 활동한 알콰리즈미다.

알콰리즈미의 『복원과 균형의 과학』

영국 옥스퍼드대학 보들리언도서관에 소장된 『복원과 균형의 과학』. 서양의 방정식은 여기에서 출발한다고 해도 과언이 아니다. 알고리즘이라는 단어는 이 책의 저자인 알콰리즈미에게서 온 것인데, 책 제목에 쓰인 복원과 균형이란 방정식 풀 때 쓰이는 방법을 말한다.

복원　　$a-x=b$이므로 $a=x+b$다.(즉, 오늘날의 이항)

균형　　$a+x=b+x$이므로 $a=b$다.(등호 양쪽의 항에서 같은 것을 없애기)

『복원과 균형의 과학』이 유럽에 소개된 것은 12세기다. 그러니까 이슬람의 방정식 수준이 중세 유럽보다 적어도 300년은 앞선 셈이다. 그런데 왜 하필 이슬람에서 이토록 대수가 발전했던 것일까. 당시의 유산 상속법이 굉장히 복잡했기 때문이다. 이 책의 '유산' 편에 나온 첫 문제를 예로 들면 이런 식이다.

"한 남자가 두 아들을 남기고 죽었다. 아버지의 재산은 10디르함, 큰아들이 아버지에게 갚아야 할 돈도 10디르함이다. 그는 또 죽기 전에 유산의 3분의 1을 똑같이 누군가에게 건네주라고 유언했다. 그렇다면 큰아들이 아버지에게 갚을 수 있는 돈은 얼마인가?"

아버지에게는 재산이 10디르함 있다. 큰아들이 아버지에게 진 빚도 10디르함이다. 그러니까 아버지 유산은 현금이 10, 빚이 10, 더해서 20디르함. 두 아들이 그냥 나누기 2를 하면 간단할 텐데 그렇지가 않다. 당시 페르시아 상속법은 이랬다. 아들이 아버지에게 빚이 있을 경우 유산에서 그 빚을 갚아야 하는데, '다 갚을 수 없다면 할 수 있는 만큼만 갚으라.'는 것이다. 그런데 여기에 생전 듣도 보도 못 한 모하메드라는 사람까지 나타나 그와 유산의 3분의 1을 똑같이 나눠야 하는 상황이다. 이것을 어떻게 풀까.

자, 위의 주머니를 큰아들이 갚을 돈이라고 하자. 요즘으로 치면 저 주머니가 미지수다. 이제 알콰리즈미가 알려 준 방법대로 접근하기 전에, 다소 갸우뚱하는 현대인들을 위해 먼저 생각해 봐야 할 것이 있다.

사실 저 골칫거리 큰아들이 아버지의 돈을 제때 갚았다면 문제는 쉬웠을 것이다. 전체 20디르함을 3분의 1씩 나누면 됐을 테니까. 그의 동생이나 모하메드가 영리한 현대인이었다면 큰아들에게 이런 말을 했을지도 모른다.

"20디르함이 온전히 남아 있다고 해도 그것을 3분의 1로 나눠 봐야 각자 받을 몫은 7디르함도 안 되지. 결국 당신이 받을 몫은 당신이 갚을 10디르함에도 못 미친다는 얘기야. 그러니 당신에게 돌아갈 몫은 없어. 그만 꺼지시지!" 그러고는 자기 둘이서 남은 10디르함의 현금을 나누는 것이다.

하지만 페르시아 사람들은 좀 더 온정적이었나 보다. '갚을 수 있을 만큼만 갚으라.'고 하니 말이다. 물론 그런 인심 덕분에 우리들의 머릿속이 더 복잡해지긴 했다. 이런 경우 알콰리즈미는 어떤 해법을 제시했을까. 그가 알려준 복원과 균형의 방법으로 찾아보자.

먼저, 큰아들이 갚을 돈을 x라고 놓는다. 이때의 x는 아버지에게서 받을 유산의 3분의 1이다. 그럼 x가 20디르함을 3으로 나눈 수인가? 아니다. '갚을 만큼만 갚으라.'고 했으니, 아버지의 유산은 큰아들이 갚을 돈 x와 남아 있는 현금 10디르함을 더한 것이 돼야 한다. 곧, $x+10$이다. 그런데 큰아들이 갚을 돈은 아버지 유산의 3분의 1과 같으므로 다음과 같은 수식이 성립한다.

$$x = \frac{(x+10)}{3} = \frac{1}{3}x + \frac{10}{3}$$

알콰리즈미식으로 설명하자면 저울을 가져오는 것이 좋겠다. '복원과 균형의 과학'이라고 했으니 저울은 언제나 균형을 맞춰야 할 것이다. 이 그림은 위의 수식을 표현한 것이다. 큰아들이 갚을 돈은 아버지 유산의 3분의 1, 곧 큰아들이 갚을 돈의 3분의 1과 10디르함의 3분의 1을 합한 것과 같다.

$$x = \frac{1}{3}x + \frac{10}{3}$$

다시 균형을 맞춰 계산을 더 진행해 보자. 양변에 3을 곱해 주는 것이다.

$$x \times 3 = \left(\frac{1}{3}x + \frac{10}{3} \right) \times 3$$
$$3x = x + 10$$

똑같은 양을 없었으니 저울은 여전히 균형을 맞추고 있다.

다음으로는 양쪽에서 하나씩을 덜어 낸다.

$3x = x + 10$

$3x - x = x - x + 10$

$2x = 10$

그리고 양변을 2로 나누면!

마침내 답이 나왔다. $x = 5$이므로 큰아들이 갚을 돈은 5디르함이다. 복원과 균형의 과학 덕분에 골치 아팠던 유산상속 문제가 해결된 것이다.

중국의 경우처럼 우리는 페르시아에서도 모르는 것에서 시작해 답을 아는 단계로 나갈 수 있었다. 페르시아인이 중국인과 달랐던 부분은 '모르는 것'을 어떤 '이름'으로 부르기 시작했다는 점이다. 최초에 모르는 것의 이름은 그냥 '그것'이었다. 얼마나 많은가. 얼마나 넓은가. 또는 얼마나 무거운가…….

그런데 이렇게 하나의 이름을 붙임으로써 서로 다른 '모르는 것'을 하나의 문제 유형으로 만들 수 있게 됐다. 페르시아에서는 그 이름을 '뿌리' 또는 '근'이라고 했고, 유럽에서는 x라고 불렀다. 오늘날 x라고 통칭하는 '미지수'의 출현이다. 그것이 의미하는 것은 무엇인가. 푸앵카레연구소 소장인 세드릭 빌라니 교수는 다음과 같이 설명한다.

"하나의 상징이 있어요. 여기에는 규정된 의미가 담겨 있지 않아요. 그런데 이것을 사용해서 모르는 양을 나타내기 시작한 겁니다. 인류 문명에 있어 참으로 거대한 관념적 진보였어요. 지금은 이것을 모두 x라고 부르죠. x가 '모르는 것'을 가리킨다는 것은 전 세계 사람이 다 압니다. 이것은 단지 어떤 양(量)만이 아니라 때로는 수, 함수, 여러분이 생각하는 어떤 사물도 지칭할 수 있죠."

마침내 3차원의 세계로!

그대와 내가 함께 장막을 지나가도
이 세상은 오래오래 살아남으리
바닷물에 밀리는 조약돌 인생
머물다 간다 한들 아는 체할 세상인가
— 『루바이야트』 47

이란은 시의 나라. 1000여 년이 지난 지금도 오마르 카이얌의 시는 사람들의 마음을 울린다. 그는 철학자의 눈, 시인의 영혼, 수학자의 냉철함을 가진 이였다. 때로 그의 시는 인생의 찬란함 못지않게 허망함도 노래하지만, 카이얌이 쌓아 올린 수학의 탑은 "바닷물에 밀리는 조약돌"이 아니었다. 특히 방정식의 역사에서는 더욱더. 그런데 따지고 보니 시와 방정식은 참 비슷해 보인다. 시가 비유와 상징으로 삶을 함축한다면 방정식은 미지수로 '모르는 것'의 존재를 함축하지 않는가. 뿌리, 근, x라는 이름의 그것.

다시, 오픈대학 수학과의 제레미 그레이 교수의 말을 들어 보자.

"단지 축약어일 뿐이었지요. 우리가 모르는 것에 대한 이름이었습니다. 그렇지만 모르는 것에 이름을 부여하기 시작하자 이것에 수를 더하고 때로는 두 종류의 미지수를 더하고 곱할 수 있게 되었죠."

 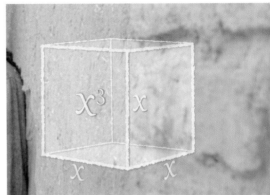

길이가 얼마인가, 이제 이것도 x다. 이것이 하나면 1차방정식, 두 번 곱하면 x^2, 2차방정식이다. 제레미 그레이 교수의 말처럼 길이와 넓이, 이 서로 다른 것들이 x라는 하나의 이름으로 셈할 수 있게 된 것이다.

그러나 카이얌의 고민은 한 차원 더 높은 데 있었다. x의 세제곱, 3차원 공간이었다. 그는 세상의 모든 3차방정식을 알고 싶었다. 세상에는 많은 종류의 3차식이 있었지만 그가 찾은 3차식을 유형별로 정리하면 모두 14종류뿐이었다. 그는 이것들을 수학적 수식이 아닌 말로 설명했는데, 현대의 수학언어로 풀면 다음과 같이 정리된다.

2항 $x^3 = c$

3항 $x^3 + ax^2 = c$ $x^3 + c = ax^2$

        $x^3 = ax^2 + c$ $x^3 + bx = c$

        $x^3 + c = bx$ $x^3 = bx + c$

4항 $x^3 + ax^2 = bx + c$ $x^3 + bx + c = ax^2$ $x^3 + bx = ax^2 + c$

        $x^3 + ax^2 + c = bx$

        $x^3 + c = ax^2 + bx$ $x^3 + ax^2 + bx = c$

        $x^3 = ax^2 + bx + c$

차원을 올라가는 것. 그것은 먹고사는 문제와는 상관없는 일이다. 수학은 그런 문제를 벗어나는 경우가 많다. 하지만 먹고사는 것과 별 상관도 없는 데 목숨을 거는 게 또 인간 아닌가. 카이얌은 보통 사람들이 이해할 수 없는, 어쩌면 별로 이해하고 싶어 하지 않는 차원에서 오래 머물렀다. 애써 찾아낸 열네 가지 종류의 3차식 해법을 기하학으로 풀면서 말이다. 다시, 세드릭 발라니 교수의 말을 경청하자.

"삶이란 무척 복잡한 과정입니다. 세상은 굉장히 복잡하죠. 이런 농담이 있어요. 수학적 모델은 완벽하고 제대로 돌아가지만 세상은 그렇지 않다는 거죠. 그만큼 세상은 복잡합니다. 하지만 이런 복잡한 현상을 정확히 예측하기 위해 방정식이 발전된 거죠."

세상이 복잡해지면 그런 세상을 설명할 방정식도 복잡해진다. 그러니 카이얌이 도달한 3차방정식의 세계는 사람들을 더 높은 차원으로 이끌었을 것이다. 시가 인간의 정신을 아름다움으로 끌어올리듯이 말이다. 이제 또 어떤 것이 우리를 높은 것으로 이끌어 갈 것인가?

<u>16세기 카르다노, x의 해법을 정리하다</u>

3차방정식 근의 공식에 얽힌 결투

이슬람의 어느 전설에서 우린 미지수의 역사에 한 획을 그은 인물, 카이얌을 만날 수 있었다. 그런데 미지수와 관련된 이야기에는 이런 야사(野史)보다도 더 시끌벅적한 실제 사건도 있었다. 오마르 카이얌으로부터 400년 후. 무대를 이탈리아 반도로 옮기자. 이 대단한 다혈질의 나라에서 우리는 아주 요란했던 에피소드를 만날 것이다. 장소는 16세기 유럽의 상업과 경제, 문화의 중심지였던 베네치아다. 지금은 관광객들 천지지만 그때는 야망을 가진 사람들이 몰려들던 곳. 바로 이 도시에서 1535년에 큰 결투가 있

었다. 도전자가 공공장소에 내건 도전장에는 날짜와 장소, 상대방의 이름이
적혀 있었다.

"1535년 2월 22일.
페로의 제자 피오르가
폰타나, 일명 타르탈리아에게
내기를 검.
문제는 3차방정식."

권력, 욕망, 시기, 질투가 들끓는 용광로. 결투가 펼쳐질 장소에는 돈 많은
귀족들도 몰려들었다. 누구를 후원해야 자신의 이름이 높아질까 간을 보러
온 것이다. 오늘의 도전자는 안토니오 마리아 피오르. 스승인 델 페로에게
서 받은 해법으로 오직 자기만이 3차방정식을 풀 수 있다고 자신하던 인물
이었다. 그런 사람의 귀에 3차방정식을 운운하는 또 다른 이의 소문이 들려
왔다. '이 어쭙잖은 놈을 한번 손봐줘야겠어.' 그는 소문의 주인공인 니콜라
폰타나를 공개적으로 망신 주고자 이날의 대결을 계획한 것이다.

빅 매치가 이뤄지기는 쉬웠다. 당시에는 대결하고 싶은 이의 이름을 적어
공공장소에 게시하면 시합이 성립됐으니까. 또한 머지않아 피오르의 도전장
을 본 주인공도 대결을 피하고픈 생각은 전혀 없었다. 어쩌면 그 순간, 그의
입에선 결의에 찬 웅얼거림이 흘러나오지 않았을까.

"조, 조조조 좋아. 내, 내가 보, 보, 본때를 보여, 주, 주지."

우리는 그의 이름을 마리오 폰타나보다 '타르탈리아tartaglia'로 더 많이 기

억한다. '말더듬이'라는 뜻이다.

　도전자는 방정식 대가의 제자였고, 상대인 타르탈리아는 굶주린 하이에나 스타일의 수학자였다. 그 시절의 수학 대결은 참가자 두 사람이 각자 서른 문제를 내고 문제를 봉한 뒤 공증인에게 맡기는 식으로 진행됐다. 문제가 개봉되면 한 달가량 시간이 주어진다. 시합의 패자는 승자에게 30일간의 잔치 비용을 댔다고도 하니 아주 큰 이벤트였던 듯하다. 밀라노 비코카 대학 수학과의 토마스 바이겔 교수는 당시의 룰을 다음과 같이 소개한다.

　"답을 보면 맞는지 틀렸는지 알 수 있는 문제여야 했습니다. 해답을 찾은 사람은 승리자, 그렇지 못하면 패배자가 되는 거죠. 이런 점에서 3차방정식은 아주 좋은 문제였어요. 답을 보면 맞는지 알 수 있지만 해답을 찾는 건 매우 어렵기 때문이었죠."

$$ax^3 + bx^2 + cx = d$$

3차방정식 기본 꼴이다. 이걸 변형할 수도 있다. 2차항인 bx^2이 없어도 3차방정식, 1차항 cx가 없어도 3차방정식이다. 그러나 16세기에는 이 모든 식들을 하나하나의 다른 유형으로 보고, 푸는 방식도 따로 있었다. 피오르가 타르탈리아에게 낸 문제는 이런 식이었다.

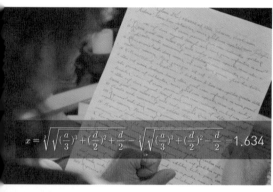

"세제곱과 자신을 더해서 6이 되는 수는?"

$$x = \sqrt[3]{\sqrt{\left(\frac{a}{3}\right)^3 + \left(\frac{d}{2}\right)^2} + \frac{d}{2}} - \sqrt[3]{\sqrt{\left(\frac{a}{3}\right)^3 + \left(\frac{d}{2}\right)^2} - \frac{d}{2}} = 1.634$$

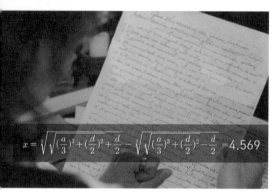

"두 사람이 함께 100두카(13세기 베니스에서 주조된 금화)를 벌었는데, 첫 번째 사람은 두 번째 사람이 번 돈 세제곱에 해당하는 수입을 올렸다. 그 수입은 얼마인가?"

$$x = \sqrt[3]{\sqrt{\left(\frac{a}{3}\right)^3 + \left(\frac{d}{2}\right)^2} + \frac{d}{2}} - \sqrt[3]{\sqrt{\left(\frac{a}{3}\right)^3 + \left(\frac{d}{2}\right)^2} - \frac{d}{2}} = 4.569$$

이런 어려운 문제도 마법의 공식만 있으면 답이 나왔다. 그 공식을 누가 아느냐, 승부는 거기에 달려 있었다. 피오르는 x의 1차항이 있는 방정식의 공식을 알고 있었다. $ax^3 + cx = d$. 반면에 타르탈리아는 2차항이 있는 $ax^3 + bx^2 = d$의 해법을 알았다. 피오르는 30개의 문제를 내며 상대가 전혀 못 풀 것이라고만 생각했다. 그런데 타르탈리아는 한 달 동안 혼자 연구해서 시합 전에 겨우 해법을 알아낸 터였다. 독학으로 해결하는 사람답게 말이다.

게임이 점점 타르탈리아에게로 기운 것은 당연했다. 하나의 해법만 아는 피오르보다는 두 개를 아는 타르탈리아가 유리할 수밖에 없는 일 아닌가. 타르탈리아는 두 시간 만에 피오르의 문제를 풀어 버린다. 하지만 피오르가 푼 문제는 0개였다. 30 대 0. 타르탈리아는 자신만이 알고 있던 해법으로 피오르에게 강력한 핵 펀치를 날린 것이다.

바야흐로 그때는 방정식을 푸는 공식이 돈이 되던 시대였다. 피오르의 돈과 명예, 종신 교수직이 날아가 버렸다. 이제 타르탈리아에게는 탄탄대로의 앞날이 보장돼 있었다. 그가 피오르에게 쥐어짜 낸 돈으로 30번의 파티를 즐겼을까? 전하는 바에 따르면 승리의 기쁨만을 챙겼다고 한다.

한 계단, 또 한 계단, 차원을 넘어

카르다노의 『아르스 마그나』

3차방정식의 해법을 찾아 치열하게 싸웠던 시대. 그 해법인 근의 공식이 시칠리 고문서도서관에 소장된 『아르스 마그나』라는 책에 담겨 전해진다. 그런데 지은이의 이름이 타르탈리아가 아니다. 지롤라모 카르다노? 이 사람은 또 누군가. 워릭대학 수학과 이언 스튜어트 교수의 도움을 좀 받아 보자. "이탈리아 수학자, 지롤라모 카르다노는 불한당이었습니다. 그는 훌륭한 의사이자 훌륭한 수학자였고, 도박으로 집안 재산을 탕진한 사람이기도 했죠. 그는 수학을 이용해 돈을 벌어야만 했어요. 체스판도 벌였죠. 도박 절차에 관한 다양한 수학적 지식을 이용해 돈을 벌었습니다. 심지어 확률도 이해하고 있었어요. 어떤 노름꾼보다 뛰어났죠."

뭔가 조금 수상쩍긴 하지만 머리가 뛰어난 사람인 것만은 분명하다. 입소문은 달리는 말보다 빠르니, 세간에 퍼진 타르탈리아와 피오르의 대결이 그의 귀에 들어가지 않을 리 없었다. 이제 그 명석한 머리로 카르다노는 추리를 한다. '30 대 0이라고? 타르탈리아가 공식을 알고 있는 게 분명해!'

카르다노는 밀라노의 높은 사람을 소개해 주겠다고 타르탈리아를 꼬시기 시작한다. 한 사람은 청산유수. 한 사람은 말더듬이. 사람 홀리는 데는 귀신이었던 카르다노였다.

"결국 카르다노는 정보를 얻어 냈고 타르탈리아는 약속을 하라고 말했습니다. 이것은 우리만의 비밀이니 누구에게도 발설하면 안 된다고 말이죠. 카

르다노는 그러겠다고 약속했습니다. 무슨 일이 벌어졌는지 예상하시겠죠?"

코넬대학 응용수학과의 스티븐 스트로가츠 교수가 말하는 '무슨 일'이란 무엇이었을까. 카르다노는 3차방정식의 해법을 얻어 냈다. 물론 깐깐하고 콧대 높은 타르탈리아가 그냥 건네줬을 리는 만무하다. 해법을 암호 같은 시(詩)로 두루뭉술하게 알려줬을 뿐, 그것을 논리적으로 증명하고 공식으로 만들어 내는 일은 카르다노의 몫이었다. 근의 공식이 곧 돈이었던 시절, 그러나 야심가였던 카르다노에게는 단순히 돈이 아니라 방정식 전체를 정리해 보고 싶은 야망이 있었다.

$$x^3+ax=d$$
$$ax^3+bx^2=d$$
$$ax^3+bx^2+cx=d$$

그때까지 알려진 3가지 유형의 3차방정식에서 타르탈리아가 해법을 알려준 것이라고는 첫 번째뿐이었다. 도박꾼이었지만 뛰어난 수학자이기도 했던 카르다노는 나머지도 혼자 알아내기로 결심한다. 그렇게 해서 그는 6년에

걸쳐 13가지 유형의 모든 3차방정식을 정복했다. '위대한 술법'이라는 뜻의
『아르스 마그나』는 그런 피나는 노력의 열매였다. 타르탈리아가 그 책을 보
며 기뻐했을까? 비법을 세상에 알리지 않겠다는 약속을 깼으니 그가 카르
다노에게 분개한 것은 당연하다. 카르다노가 아무리 책의 서문에 자기 이름
을 밝혔다고 해도 말이다.

　하지만 그가 카르다노에게 알려 준 것은 알려진 대로 고작 한 가지 유형
의 해법이었을 뿐이다. 게다가 타르탈리아는 그 비법을 자신의 이익을 위해
서만 쓰려 했다. 그렇게 보자면 애써 얻어 낸 성과를 세상에 무료로 공개한
카르다노가 훨씬 더 박수를 받을 만한 일이 아닌가. 어쨌든 약속을 깬 것은
깬 것이니, 이후로 타르탈리아는 틈만 나면 카르다노를 공격하고 깎아내리
기에 바빴다. 이것이 두 사람 사이에 벌어진 일의 줄거리다.

　방정식의 건물에 올라갈 땐 열쇠가 필요하다. 한 층 한 층의 문을 여는
그것이 바로 근의 공식이다. 우리가 학교에서 배운 2차방정식의 근의 공식
을 기억하는가. $ax^2 + bx + c = 0$의 꼴인 모든 2차방정식은 이것으로 답을 얻을
수 있다. 3차방정식 $ax^3 + bx^2 + cx + d = 0$의 근의 공식도 마찬가지다.(단, 아래의
공식은 실수를 답으로 갖는 경우만 해당된다. 경우에 따라서는 복소수의 답이 나

$$x = \frac{-b \pm \sqrt{b^2 - 4ac}}{2a}$$

2차방정식 근의 공식

올 수도 있으나 카르다노 시대에는 거기까지 다가서진 못했다.)

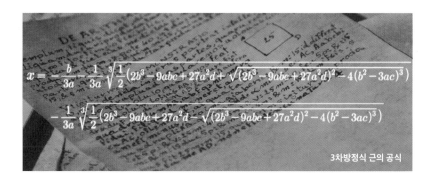

$$x = -\frac{b}{3a} - \frac{1}{3a}\sqrt[3]{\frac{1}{2}\left(2b^3 - 9abc + 27a^2d + \sqrt{(2b^3 - 9abc + 27a^2d)^2 - 4(b^2 - 3ac)^3}\right)}$$
$$-\frac{1}{3a}\sqrt[3]{\frac{1}{2}\left(2b^3 - 9abc + 27a^2d - \sqrt{(2b^3 - 9abc + 27a^2d)^2 - 4(b^2 - 3ac)^3}\right)}$$

3차방정식 근의 공식

700년 만에 3차방정식의 열쇠를 찾은 이는 카르다노였다. 3차가 풀리자 머지않아 4차도 정복된다. 카르다노의 제자인 페라리가 해냈다. 그들이 살던 때로부터 7세기 전쯤에 알콰리즈미라는 페르시아인이 2차원 미지수의 비밀을 풀었고, 다시 2세기가 흘러 오마르 카이얌이 3차원으로 올라섰다. 그러나 근의 공식을 찾은 것은 16세기 카르다노 시대에서야 이뤄진 일이다. 알려진 대로, 그 시대에 이르러 인간은 미지수의 탑에서 3층을 지나 4층에 이르는 높이까지 올라설 수 있게 되었다. 이제는 5층으로 올라갈 차례였다.

갈루아, x의 여정을 끝내다

수백 년의 어둠을 몰아내다

1832년 5월 30일 파리 인근의 숲속. 심판관이 손수건을 떨어뜨려 신호를 보내자 한 발의 총성이 고요한 새벽을 찢는다. 스무 살 청년의 상대는 명사수였다. 우리는 이미 그 대결의 결과를 안다. 갈루아는 복부에 총을 맞고 쓰러져 그대로 방치됐다. 인근의 농부에게 발견돼 병원으로 옮겨진 그는 복막염으로 이튿날 세상을 떴다.

"울지 마, 스무 살 나이에 죽으려면 있는 용기 없는 용기 다 짜내야 하니까."

이는 죽기 전 그가 동생에게 남긴 말이다. 사망확인서가 발급된 6월 1일이 지나고 며칠 후 《르프리커서 Le Precursor》(6월 4일자)에는 이런 기사가 실렸다.

"파리, 6월 1일. 충격적인 전날의 결투가 가장 높은 기대를 한 몸에 받았던 유망주였지만 정치적 활동으로 그 축복받은 재능을 일찍 꽃피우지 못한 한 젊은이로부터 수학을 앗아 갔다."

갈루아가 파리의 코생 병원에 실려 온 건 결투가 끝나고 몇 시간 후, 지금도 이 병원에는 수학의 역사에서 가장 극적인 순간이 기록돼 있다.

"갈루아 에바리스트. 21살. 수학자. 사망 시간 5월 31일 오전 10시. 사인은 복부 총상."

갈루아는 도대체 어떤 유형의 인간이었을까. 갈루아의 외가 쪽 후손인 프랑수아 뷔페, 야닉 뷔페 부부가 들려주는 그의 면모는 이렇다.

"갈루아는 청소년이었고, 천재였고, 용감했고, 거만했고, 틀에 갇혀 있지 않았고, 항상 저항했고, 그가 살던 시절에 격분하던 사람이었습니다."

프랑스 대혁명 후 빅토르 위고가 『레미제라블』을 쓴 시대. 그러나 신부에게 감화된 장발장과 달리 갈루아는 다혈질의 청년이었다. 아버지는 자살했고, 원하는 대학에는 낙방했다. 심지어 프랑스학술원 교수들은 그가 애써 작성한 자기 논문을 잃어버리기까지 했다. 시절은 그에게 친절하지 않았지만 그렇다고 권위에 굴복하는 법은 결코 없었다. 갈루아가 혁명을 외친 것은 아주 자연스러운 일이었다. 동시에 그는 애인이 있는 여자를 사랑하게 된다.

"에바리스트는 사랑에 빠집니다. 스무 살이었는데 왜 아니겠어요. 이걸 말하는 이유는 다행히도 그가 죽기 전에 사랑을 느꼈기 때문입니다. 수학 말고는 아무것도 할 줄 몰랐던 스무 살 청년에게는 안타까운 일이었죠."

뷔페 부부의 말에서 다혈질의 이면에 감춰진 스무 살 청년의 비애가 묻어난다. 하지만 그는 결국 그 일로 인해서 결투에 휘말리고 말았다. 그리고 죽음을 예감한 전날 밤, 자신이 진짜 했어야 할 일을 떠올렸다. 그것은 타인의 실수로 인해 잃어버린 논문을 다시 복구하는 일이었다. 잠시 뒤에 알게 되겠지만, 여기에는 자연 속에 숨어 있는 아름다움의 비밀이 담겨 있었다.

평온한 날 햇빛을 받으며 바하의 「인벤션 6번 E장조」를 들어 본 적이 있는가. 끌어 주고 따라가는 이 선율은 참 아름답다. 높은음자리와 낮은음자리의 음표들이 서로 멀어졌다 가까워지며, 현란하지 않고 단정한 음률을 피워 올린다. 마음을 차분히 정돈해 주는 이 음악에 담긴 것이 바로 대칭이다. 자연에는 이처럼 대칭으로 아름다움을 이루는 것들이 많다. 당장 무언가를 떠올리기 힘들다면 그냥 봄날의 나비를 생각하라. 스스로 아름답다고 느끼는 이라면 거울 앞의 자신을 생각해도 좋다. 좌우 또는 위아래를 바꿔도 같은 모양. 그런데 신기하다. 방정식에도 대칭이 있다는 것이다. 갈루아가 찾아낸 것이 그것이었다. 과연 수학적인 의미에서 대칭이란 무엇인가. 빌라니 교수의 설명을 먼저 듣고 가는 게 좋을 듯하다.

"대칭이란 결국 하나의 물체가 변화한 이후에도 동일하게 보이는 형태를 의미합니다. 제 두 손을 같은 방향으로 펼쳐서 거울에 비추어 본다면 이것은 올바른 대칭입니다. 반면에 양손의 방향을 서로 반대로 해 놓고 거울에 비추면 대칭으로 보이지 않게 되죠. 결국, 같은 모양이 되도록 이미지를 바꾸는 방법을 대칭이라고 하는 거예요."

두 손을 이렇게 거울에 비추면 이것은 대칭입니다.

하지만 이렇게 비추면 대칭이 아닙니다.

갈루아가 편지에 복구한 논문에는 충격적인 결론이 들어 있었다. 5차방정식의 해법을 찾아 떠난 미지수 x의 여정이 전혀 생각지도 못한 종착점에 이르렀기 때문이다. 급히 쓰느라 편지를 고치고 지운 흔적에는 타들어 갔을 그의 심사가 보인다. 300년 가까이 안 풀린 5차방정식의 비밀. 죽음을 앞두고서야 자신의 본분을 알았지만, 결투 전 갈루아가 보낸 마지막 하루는 수백 년의 어둠을 비추는 불빛이 됐다.

베일을 벗은 x와의 만남

사람들은 금세 5차방정식을 해결할 줄 알았다. 300년간 수많은 도전과 실패가 있었다. 갈루아도 처음에는 그랬다. 5차방정식은 아무리 풀어도 해법이 나오지 않았기 때문이다. '2, 3, 4차 근의 공식은 있는데 5차는 왜 안 나올까.' 생각을 바꿔 볼 필요가 있었다. '다른 방정식에는 있고 5차에는 없는 게 무엇인가.' 여기에서 갈루아가 찾아낸 실마리가 바로 '대칭'이었다.

3차방정식 $ax^3+bx^2+cx+d=0$의 근은 3개.('방정식의 해'라 하고 '다항식의 근'이라 하는 표현이 옳지만, 편의상 '근'과 '해'를 혼용하기로 한다.) 이것을 α(알파), β(베타), γ(감마)라고 하자. 혹시 이 식의 계수와 근들 사이에는 어떤 관계가 있지 않을까? 식을 $x^3+Ax^2+Bx+C=0$으로 바꿔 보자.(앞의 식에서 계수 a로 나누면 x^3항의 계수는 1이 된다. 어차피 같은 식이다.) 그런데 이 방정식의 근이 α, β, γ라고 했으니 $(x-α)(x-β)(x-γ)=0$으로 놓을 수도 있다.

이것을 풀어서 두 식을 비교한다.

$$x^3-(α+β+γ)x^2+(αβ+βγ+γα)x-αβγ=0$$
$$x^3+Ax^2+Bx+C=0$$

이렇게 해서 3개의 근과 계수의 관계를 알 수 있게 됐다.

$$-(α+β+γ)=A$$
$$(αβ+βγ+γα)=B$$
$$-αβγ=C$$

중요한 점은 여기에서 세 근을 서로 바꿔도 결과는 같다는 것이다. 가령 α를 β로, β를 γ로, γ를 α로 바꿔서 넣어 보라. 아까 빌라니 교수가 얘기한 것처럼 '변화하고 난 후에도 모양은 그대로'인 상황, 곧 대칭이 된다는 뜻이다. 갈루아가 5차방정식에 도전하며 주목한 것이 이 부분이다. 대수학 중에서 가장 고차원 이론인 '군론'이 시작되는 순간이었다.

"19세기 초에 추상적 추론을 통해 어떤 방정식은 근의 공식을 찾을 수 없다는 것이 증명됐습니다. 즉 어떤 방정식의 경우에는 해법이 존재할 수 없다는 거죠. 이 부분이 매우 까다로워요. 아름다운 이론이고, 제가 학생 때 배운 대수학 중 가장 고차원 이론이라고 할 수 있습니다."

빌라니 교수의 말을 듣자면 어떤 방정식에는 근의 공식이, 곧 일반적인 해법이 없다는 얘기다. 그런데 그것이 대칭과 무슨 상관일까? 이제 갈루아의 눈으로 살펴볼 차례. 대칭의 눈으로 보면 3차(4차)방정식에는 있고, 5차방정식에는 없는 게 있다.

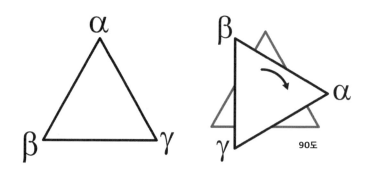

먼저 3차방정식부터! 3개의 근 α, β, γ를 다시 불러내어 이것들을 세 꼭지점으로 하는 삼각형을 상상하자. 이제 삼각형을 움직여 본다. 어떻게 하면 대칭일까. 90도 회전하면 처음의 모양과 달라지니까 이것은 대칭이 아니다.

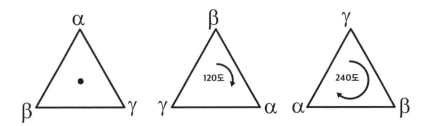

처음의 모양을 바꿔도 대칭이 되려면 120도, 240도로 회전해야 한다. 360도 회전은 그대로 두는 것과 같은데 이것도 대칭이다.

그리고 또 다른 대칭도 있다. 아래의 그림처럼 최초의 모양에서 정삼각형의 수직축을 중심으로 회전시켜 3가지 경우의 대칭을 얻을 수 있는 것이다.

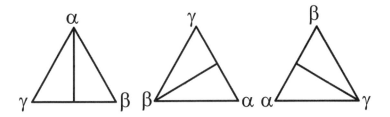

이처럼 3차방정식의 세 근이 대칭을 이루는 경우는 모두 6가지다.(이 6가지 대칭은 위 그림과 같이 삼각형의 꼭짓점에 α, β, γ를 써서 구분해도 좋고, 또는 단순히 αβγ, βγα, γαβ, αγβ, γβα, βαγ로 각 대칭을 뜻해도 좋다.) 각각의 원소는 연산을 할 수도 있다. 시험 삼아 2개만 뽑아서 해 볼까?(연산기호는 편하게 *로 하자.)

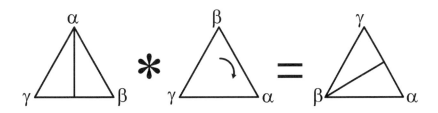

이것은 최초의 모양에서 수직축을 중심으로 180도 돌렸다가, 그 상태에서 120도로 회전하라는 뜻이다. 대칭을 이루는 원소가 6가지이므로 이런 식의 연산을 6×6=36개까지 할 수가 있는데, 그 결과를 정리하면 아래와 같은 군Group이 나온다.

3차방정식에는 있고 5차방정식에는 없는 것을 찾아 여기까지 왔다. 이제 핵심에 다다랐다. 3차와 5차의 차이, 그것은 아래와 같은 3차식의 군 안에 있다.

이 3차식의 군 안에 아주 특별한 부분군! 정규부분군이 있는 것이다. 쉽게 말하면 이것이 근의 공식이 있는가를 판가름하는 열쇠다.(자세한 내용은 '부록' 참조)

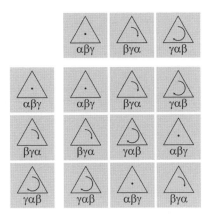

이 열쇠로 3차방정식을 풀어 나가면 마지막에 근의 공식을 만나게 된다. 하지만 5차방정식은 다르다. 열쇠가 없어 더 이상 상자를 열 수 없기 때문이다. 곧, 근의 공식이 없다는 얘기. 물론 5차에도 근은 존재한다. 2차, 3차, 4차방정식과는 달리 '어떤 경우에라도 근을 구할 수 있는' 만능의 열쇠인 근의 공식만 존재하지 않을 뿐이다. 실수보다 더 큰 복소수의 범위에서는 어떤 방정식에도 해는 있다. 다만, 그 해를 구하는 일반적인 공식이 없을 뿐이다. 근의 공식이 없다는 것과 근이 없다는 것은 다르니 혼동하지 말자.

보통 사람들은 원하는 답을 얻고 싶어 한다. 그런데 갈루아처럼 때로는

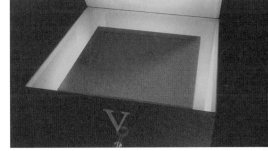

'답이 없음'을 증명하는 경우도 있다. 무언가가 존재하지 않는다는 것을 증명하는 기분은 어떤 것일지 자못 궁금해진다. 방정식의 끝까지 오르고 싶었던 갈루아는 또 어떤 기분이었을까. 수학의 노벨상이라는 필즈상 수상자 출신이니 빌라니 교수라면 그런 심정을 공감할 수도 있겠다.

"놀라운 거죠. 불가능을 증명하는 것은 대단히 어렵기 때문이에요. 무언가가 가능하다는 것은 해답만 제시하면 됩니다. 그렇지만 불가능함의 증명은 어떤 시도를 하더라도 실패한다는 것을 증명해야 하는 일이에요. 생각해 보면 정말 놀라운 일이죠."

결국, 갈루아가 우리에게 남긴 것은 무엇일까. 그가 비밀을 풀어내기 전까지 수백 년간 사람들은 숫자에 매달렸다. 이리저리 수를 더하고 빼고 곱하고 나누며, 풀리지 않던 방정식을 정복하려고 애썼다. 그런데 갈루아가 수학에서 수를 사라지게 만든 것이다. 이제 수학은 문자로 가득한 영역이 됐다. 수학이 한 차원 더 높이 날아간 1832년 5월 29일. 그 폭풍 같은 날이 지나고 날이 바뀌면 그는 운명의 결투장에 설 것이다.

방정식을 풀듯이 인생을 풀었으면 더 쉬웠으려나? 두 남자가 한 여자를 사랑했다. 인생에는 이렇게 답이 안 나오는 문제가 있다. 서로 총구를 마주한 순간, 그 찰나의 시간은 수학의 역사에서 영원이 될 것이었다. 한 개의 총알이 복부를 관통했고, 갈루아는 쓰러졌다. 참으로 섬광처럼 짧은 인생이었다.

방정식은 수로 가득 찬 세계를 단순하게 만들었다. 인생도 방정식처럼 단순화하면 모든 문제가 풀릴 수 있을 것도 같은데……. 물론 우리의 인생에는 정형화된 공식이 없다. 5차방정식을 닮았다고도 말할 수 있으리라. 하지만 갈루아가 보여 준 것처럼, 아마도 모든 방정식만큼이나 수많은 생의 문제에서 우리는 답을 찾을 수 있을 것이다. '답이 없다.'는 것을 아는 것 또한 하나의 답일 테니 말이다. 갈루아는 그렇게 답이 없는, 존재하지 않는 것을 증명했다. 그러고 보면 이 난해한 인생과 방정식이 어디에선가 참 맞닿아 있다고 여겨지지 않는가.

제4부

신의 손짓

0

로켓이 발사되는 순간, 폭탄이 터지는 순간, 수는 거꾸로 흐르기 시작한다. 3, 2, 1, 0. 여기에는 물건의 개수를 셀 때와는 다른 수가 들어 있다. 바로 0이다. 중요한 사건 전에는 늘 0이 있었지만, 이 수는 다른 수들이 탄생하고도 수만 년이 지나서야 발명되었다. '없음'이 과연 '존재(있음)'할 수 있을까? 정반대의 두 가지가 만나는 모순을 껴안은 0은 신의 손짓과도 같다.

Numbers
0

2015년 국립 교토국제회의장에서 펼쳐진 전일본주산선수권대회의 풍경. 일본에서 주판 꽤나 한다는 사람들이 모인 자리다. 첫 경기는 플래시 암산. 주어진 시간 안에 나오는 숫자를 더하는 경기다. 274, 891, 530, 364, 528, 295, 704, 316, 970, 285, 467, 350, 894, 431, 564. 6초 안에 15개 숫자가 지나갔다. 답은 7863.

어릴 적 주산을 배운 사람이라고 해도 이 정도는 좀 무리이지 않을까 싶다. 헉! 그런데 이건 연습문제일 뿐이란다. 본 게임의 첫 문제에서는 4초 만에 15개 숫자가 후다닥 흘러간다.

이번의 결과는? 놀랍다. 역시 답을 쓴 사람들이 대다수다. 옆 사람과 바꿔서 정답을 확인하며 탈락자와 진출자를 가려낸다. 이런 방식으로 최후의 한 사람이 남을 때까지 진행된다. 물론 플래시 화면이 숫자를 보여 주는 시간은 점점 더 빨라질 것이고, 정답자도 그만큼 빨리 줄어들 것이다. 이쯤 되면 보통 사람들은 잠깐씩 나타났다 사라지는 숫자를 읽는 것만도 어렵다. 이제 남은 참가자는 5명. 이들을 경기장 한가운데로 모은다. 바야흐로 진검 승부를 펼칠 시간이다. 첫 문제에 주어진 시간은 단 1.95초. 숫자는 역시 15개다. 뚜두두두 뚜두두…… 번갯불에 콩 볶는 기분을 느끼기도 전에 화면이 닫힌다. 그런데 이걸 또 맞힌 사람이 4명! 1명이 떨어졌다.

이 대회에서는 암산이 계산기보다 빠르다. 참가자들은 계산기를 쓸 때와는 다른 세계를 만나고 있을 것이다. 이제는 1.85초에 15개 숫자가 지나간다. 순식간에 화면이 닫히고 마지막 생존자 4명이 서로 답을 바꿔 보는 표정이 미묘해진다. 마침내 최후의 1인만이 남았다.

암산 우승자인 사사노 다케오 씨는 주산을 가르치는 사람이다. 개인으로서도 최고 기록이란다. SF 히어로인 플래시맨이 아닌 이상 일반인이 하는 식으로는 1.85초 만에 15개 숫자를 암산하지는 못할 것 같다. 이런 암산은 대체 어떻게 하는 것일까? 사사노 씨가 밝게 웃어 보인다.

"똑같습니다. 보이는 그대로 계산하죠. 머릿속 주판으로 해요. 특별한 건 없어요. 암산도 그냥 계산하는 것과 똑같아요. 네, 그냥 하나하나씩 보이는 대로 계산하는 거죠. 머릿속에 그림이 떠오르냐고요? 네, 순간적으로 숫자

가 주판알로 비치면서 더해 가는 식이죠."

그러니까 236과 122를 보는 순간 사사노 씨의 머릿속에는 주판알이 작동하며 358을 보여 준다는 얘기다. 초고속 정보통신사회를 사는 지금 우리에게 주판은 어째 좀 골동품처럼 느껴지지만, 예전엔 그것을 컴퓨터처럼 쓴 적도 있었다. 불과 몇 십 년 전만 해도 상업고등학교에는 주산부기과가 있지 않았나. 그러나 주판의 몰락이 시작된 것은 꽤 그보다 훨씬 이전부터였다. 사실 그것은 어떤 수의 탄생과 관계가 있다.

고대인들의 숫자 세기

고대 문명이 보여 준 숫자의 진화

영국 대영박물관에 가면 굉장히 오래된 수학 문제집이 남아 있다. 기원전 1600년경의 유물인 아메스 파피루스. 고대 이집트의 실생활과 관계된 이

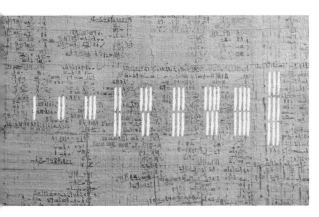

수학 문서에서 우리는 당시에 쓰던 숫자를 볼 수 있다.

1! 2! 3! 그들은 막대기 하나씩 더해서 숫자를 만들었다. 물론 큰 숫자를 써야 할 때도 있었는데, 그때마다 새로 만들어 썼다. 연꽃은 1000, 밧줄은 100을 나타낸다. 그리고 작대기 2개는 2. 순서를 바꿔도 여전히 2302이다.

이집트에서 파피루스에 숫자를 쓸 무렵 다른 문명에서는 진흙판에 숫자를 쓰고 있었다. 예일대학 바빌로니아관의 큐레이터 울라 카스텐 여사가 고대 근동의 유물을 보여 준다.

"이 점토판들은 옛 바빌로니아 시대에서 온 것들입니다. 지금의 이라크 남부 지방에서요. 당시는 메소포타미아의 일부였죠. 기원전 1800년에서 1700년경에 만들어진 것들이에요."

카스텐 여사가 가져온 아래의 바빌로니아 유물도 실은 수학 문제집이다. 점토판에 새겨진 숫자들은 꼭 쐐기 모양을 닮았다. 그래서 쐐기 문자라고 한다. 그 시절 바빌로니아인들은 어떻게 수를 만들어 썼을까.

1! 2! 3! 바빌로니아도 쐐기를 하나씩 더해서 다음 숫자를 만들어 나갔다. 1의 단위(𒁹)와 10의 단위(𒌋) 표현만 달랐을 뿐, 아무리 큰 수라도 이들은 이 두 개의 모양으로 모든 수를 표현했다.

인간이 지구에 나타나 여기까지 오는 데만 수십만 년이 걸렸다. 수를 헤

아린다는 것. 그것이 대체 무엇이기에 이토록 오랜 시간이 걸렸을까. 그리고 어떤 신비가 뒤섞여 있기에 인간이 본격적으로 수를 세기 시작한 지 몇 천 년 만에 오늘날과 같은 첨단 문명의 시대를 만들었을까. 참 신

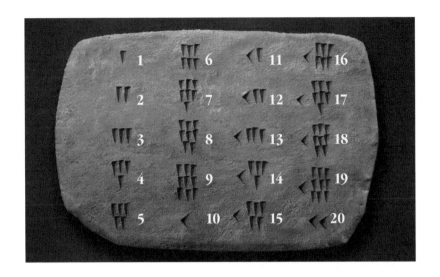

기한 일이다. 이집트와 바빌로니아인들이 살던 시대로부터 수천 년이 흐르
면 수는 또 한 번 진화하게 된다.

0이 탄생한 곳, 인도

시처럼 전해 내려온 수(數)

푸리는 인도 동부 벵골만 가까이에 있는 작은 도시다. 15만 인구가 사
는 이곳은 해마다 7월경이면 온통 시끄러워진단다. 걸어서, 혹은 차를 타고,
몇 날 며칠을 걸려 사람들이 푸리로 향하기 때문인데, 이는 '라트 야트라Rath
Yatra'라는 수레축제에 참가하기 위해서다. 축제의 풍경을 보고 있자면 인구
12억에 3억이 넘는 신이 사는 나라답다는 생각이 절로 든다.

저 수레들이 축제의 중심이다. 라트 야트라의 '라트Rath'가 바로 산스크리트어로 '수레'를 뜻하는 말이다. 많은 인도인이 저 수레의 여정에 참가하는 것을 평생의 소원으로 여긴다니, 아무튼 대단한 수레임이 틀림없다. 수레에는 둘레가 약 3m에 달하는 바퀴가 16개나 달려 있다. 우주가 무에서 유로, 유에서 무로 끊임없이 순환한다는 표식이라는데, 이 수레를 만지기만 해도 수년간 참회를 한 것이나 마찬가지라고 한다.

수레를 둘러싼 축제 열기를 바라보다가 문득 머릿속에 질문 하나가 떠오를지도 모르겠다. '인생은 그 끝없는 순환의 바퀴가 잠시 스쳐 가는 시간일까?' 그처럼 만물이 끊임없이 왔다가 사라지는 세계는 공(空)해 보이지 않는가. 그런 인도인의 세계관이 무엇을 낳았는지는 조금 뒤에 살피기로 하자. 일단은 이들이 지닌 정신의 풍경부터 들여다보는 일이 우선이다. 마침 그러기에 적당한 곳이 있다.

갠지스강을 마주한 바라나시는 힌두인들이 성스럽다고 꼽는 7대 도시의 하나다. 이 유서 깊은 도시에 자리 잡은 기숙학교를 찾았다. 인도의 경전인 베다를 가르치는 곳. 이 학교의 학생들은 승려계급인 브라만으로, 엄격한 신분제도인 카스트가 여전히 살아 있는 인도에서 최상위층에 속한다. 이들을 가르치는 베다학교에는 한 가지 특징이 있는데, 바로 책이 없다는 것이다. 베다를 배우던 그들의 선조들이 그랬듯이 그곳의 모든 지식은 입에서 입으로 전해진다.

한 학생이 자신이 배운 내용을 암송해 준다. 입에서 입으로 전하다 보니 외우기 쉽게 운율과 리듬이 생겼다. 간편하고, 아름다우며, 배우는 내용은 저절로 시가 된다. 수학이라고 해서 다를 것은 없다. 수학 경전 중 하나인 『아타르바베다』의 문제들을 보면 이게 시인지 문제인지 헷갈릴 정도니까. 가령 이런 식이다.

"연인이 사랑의 유희를 즐기다가
진주 목걸이가 끊어졌네.
알의 6분의 1이 땅에 떨어졌고
5분의 1이 침대 위에 남았네.
3분의 1은 여인의 손에,

10분의 1은 애인의 손에 잡혔는데

6알의 진주만이 실에 걸려 있었다지.

그대여, 이 목걸이의 진주는 모두 몇 개인가?"

지식을 암송하며 입에서 입으로 전해 온 나라. 이 땅에서는 숫자가 어떻게 만들어졌고 불려 왔을까. 1에서 9까지 해당하는 단어는 이랬다.(시대와 지역에 따라 발음은 조금씩 다르다.)

1은 에캄Ekam

2는 드비Dvi

3은 트리니Trini

4는 챠트바리Catvāry

5는 판차Pancha

6은 샤스Shas

7은 사프타Sapta

8은 아쉬타Ashta

9는 나바Nava

고대 이집트의 작대기나 바빌로니아의 쐐기를 떠올려 보자. 앞선 문명에서는 이처럼 '1'을 뜻하는 모양을 하나하나 쌓아 가면서 1부터 9까지의 숫자를 만들었다. 아홉 개의 모양 사이에는 공통점이 있었다. 그러나 인도는 아홉 개 모두가 다르다. 발음도 다르고 이처럼 모양까지도 다르다.

१	२	३	४	५	६	७	८	९	०
1	2	3	4	5	6	7	8	9	0

그럼 '구천사백삼십구'처럼 큰 수는 어떻게 썼을까. 9, 4, 3 세 개의 숫자와 각각의 자릿수를 붙여서 만들었다. $(9 \times 1000) + (4 \times 100) + (3 \times 10) + 9$로 생각하면 된다. 이때 1000을 나타내는 단위의 수는 사하스라Sahasra, 100은 시아타Sata, 10은 다샤Dasa였다. 따라서 구천사백삼십구를 인도식으로 표현하면 '9, 3다샤, 4시아타, 9사하스라'다.(옛날 인도에서는 읽는 순서가 지금과 반대였다.) 여기서 천의 자리와 일의 자리에 똑같이 9를 쓴 점이 이채롭다. 이전 문명에서는 9와 9000을 서로 다르게 표현했기 때문이다.

인도는 시의 나라. 시의 특징은 압축적인 표현에 있다. 암송하며 말로 전달하는 시스템에서는 쉽고 빠른 표현이 우선 아닌가. 그래서 시간이 갈수록 그들은 '구천사백삼십구'에서 자릿수 표현마저 빼기 시작한다. 사하스라, 시아타, 다샤를 빼고 9439로만 쓰기 시작한 것이다. 구천사백삼십구가 아닌 '구사삼구'. 그런데 이런 방식은 머지않아 조금 당황스러운 문제와 맞닥뜨리게 된다.

단위가 빈 숫자를 읽기가 난감해진 것이다. 아래 번호판의 숫자들을 어떻게 구분해야 할까? 육삼칠이. 육, 삼칠이. 육삼, 칠이. 육삼칠, 이. 이렇게 조

금 띄어서 읽어야 하나. 하지만 얼마나 쉬었다 다음 숫자를 읽어야 할지 기준이 모호하다. 이제 자릿수를 나타내는 빈 공간을 어떻게 표현할 것인지가 중요해졌다. 다행히도 인도인에게는 그것을 표현할 단어가 있었다.

순야Śūnya!

공백(空), 없음(無), 동시에 하늘, 공기, 공간을 뜻하는 단어. 이쯤에서 수레축제의 바퀴들을 떠올려 보자. 무에서 유로, 다시 유에서 무로 세계는 순환한다. 그러니 세상에 절대적으로 고정된 것은 없다. 어쩌면 그런 인도인의 정신세계가 '순야'라는 기호를 낳은 것이 아닐까.

노래와 탬버린, 트럼펫 그리고 사람이 꽉 들어찬 광장. '라트 야트라' 축제에 참여한 수레의 여정에도 순야가 있다. 성스러운 신의 모습을 한 번 보려고 군중은 까치발을 한 채 목을 길게 빼고 선다. 곧이어 우주를 다스리는 힌두의 신, 자간나트가 나온다. 힌두 3대신의 하나인 비슈누의 화신으로 '자비'와 '광포함'의 양면성을 지닌 우주의 여신이다. 인도에서 신은 성스럽고 높은 곳에 홀로 있지 않다. 이처럼 언제나 사람들과 함께한다. 검은 얼굴의 신. 그녀를 태운 수레가 출발할 차례다. 자간나트는 오누이들과 함께 1년에 한 번 여름 휴양지로 외출한다.

인도인에게 이런 축제는 특별한 행사라기보다는 생활에 더 가깝다. 아주 오래전부터 몸에 밴 인도인의 습성의 발현이라는 얘기다. 이 수레를 탈 수 있는 자는 오직 브라만뿐이지만, 거기 오를 수 없는 군중들은 그것을 끌고라도 가기를 원한다. 이제 수레가 출발한다. 무에서 유로 유에서 무로 도는 거대한 바퀴가 순환하기 시작하는 것이다. 이 신과 인간들이 향할 최종 목

적지는 세 명의 신이 잠깐 살았다는 사원이 될 것이다.

애초부터 처음과 끝은 없었다. 우주는 생성과 발전, 소멸을 반복한다. 수레바퀴도 처음과 끝이 없이 그저 무한히 굴러갈 뿐이다. 이것이 인생이라는 고달픈 짐을 이해하는 이들의 방식이다. 바퀴가 돈다. 삶과 우주를 이해하는 기호 순야, 숫자로는 0이 저 행렬 속에 함께할 것이다.

브라마 굽타, 무(無)를 수의 세계로

"인도 수학자들은 이 순야, 즉 무(無)로 어떻게 수학을 할지 의문을 갖기 시작했어요. 동양 문화권에서는 무와 빈 공간의 개념을 거부하기보다는 받아들였죠. 이처럼 빈 공간을 철학적으로 받아들였기 때문에 수학자들은 무 또는 0이 실제로는 값을 가지고 있다는 것을 깨달을 수 있었습니다. 실제로 다룰 수 있는 수학적인 개념이라는 것을 말이죠."

뉴욕대학 찰스 세이프 교수가 말하는 '0에 관심을 둔 수학자' 중에서 첫머리를 차지하는 이는 바로 브라마굽타다. 수학자가 생각하는 '무'란 어떤 것일까. '없음'이 과연 '존재(있음)'할 수 있는 것인가. 순야는 이 질문에 대한 인도의 답이었다. 없음과 있음. 정반대의 두 가지가 0에서 만난다. 0은 모순을 껴안았다. 없음이 절대적인 '무'가 아닌, '존재'하는 것임을 인정함으로써 순야가 수로서 자리 잡을 수 있었다는 말이다. 브라마굽타는 바로 그 0을 1과 2 같은 수처럼 더하기도 하고 빼기도 하며 계산 속으로 끌어들인 인물이다.

　　　　　　　　　　　왼쪽 그림을 보라. 재산에 크기가 같은 빚을 더하면 0이다. 재산에 0을 더하면 재산. 그리고 재산에서 재산을 빼면 0이 된다는 논리다. 이것으로 인해 수학에 멋진 일이 생겨난다. 0이 한 일을 보려면 『아타르바베다』에 나오는 목걸이의 연인들을 기억할 필요가 있다. 시로 전해진 문제, 그것은 다름 아닌 방정식이었다.

"연인이 사랑의 유희를 즐기다가
진주 목걸이가 끊어졌네.
알의 6분의 1이 땅에 떨어졌고
5분의 1이 침대 위에 남았네.
3분의 1은 여인의 손에,
10분의 1은 애인의 손에 잡혔는데

6알의 진주만이 실에 걸려 있었다지.

그대여, 이 목걸이의 진주는 모두 몇 개인가?"

우리는 모든 진주알의 개수를 모른다. 요즘 식으로 말하면 '모든 진주알의 개수'는 x다. 이 x는 사방으로 흩어진 진주들을 더한 것과 같다. 여기에서 0이 어떤 역할을 하는지 보자.

$$x = \frac{1}{6}x + \frac{1}{5}x + \frac{1}{3}x + \frac{1}{10}x + 6$$

이 방정식을 풀어 보자. 우선 분모를 같게 한다.

$$\frac{30}{30}x = \frac{5}{30}x + \frac{6}{30}x + \frac{10}{30}x + \frac{3}{30}x + 6$$

이제 양변에 같은 수를 빼며 계속해서 항을 없애 간다.

$$\frac{30}{30}x - \frac{5}{30}x = \frac{5}{30}x - \frac{5}{30}x + \frac{6}{30}x + \frac{10}{30}x + \frac{3}{30}x + 6$$

$$\frac{25}{30}x = 0 + \frac{6}{30}x + \frac{10}{30}x + \frac{3}{30}x + 6$$

$$\frac{25}{30}x - \frac{6}{30}x = \frac{6}{30}x - \frac{6}{30}x + \frac{10}{30}x + \frac{3}{30}x + 6$$

$$\frac{19}{30}x = 0 + \frac{10}{30}x + \frac{3}{30}x + 6$$

$$\frac{19}{30}x - \frac{10}{30}x = \frac{10}{30}x - \frac{10}{30}x + \frac{3}{30}x + 6$$

$$\frac{9}{30}x = 0 + \frac{3}{30}x + 6$$

$$\frac{9}{30}x - \frac{3}{30}x = \frac{3}{30}x - \frac{3}{30}x + 6$$

$$\frac{6}{30}x = 0 + 6$$

$$\frac{6}{30}x \times 30 = 6 \times 30, \quad 6x = 180$$

$$x = 30$$

오늘날의 이항 원리다. 그런데 만약 0이 없으면 저렇게 계산할 수가 있을까? 브라마굽타 이전에는 재산에서 같은 크기의 재산을 빼면 그냥 '없다'였다. 계산이 더 이상 진행될 수가 없었다. 그러나 '재산에서 재산을 빼면 0'이고, '0에 재산을 더하면 재산'이라는 논리가 세워진 후에는 위의 식처럼 항을 줄여서 계산해 나갈 수 있게 된 것이다. 목걸이에 꿰인 진주알의 수는 30개다. 방정식은 이렇게 완성됐다.

수는 표정이 없는 것처럼 느껴진다. 딱딱하고 무료한 얼굴을 지닌 것 같기도 하다. 하지만 그런 표정 아래로 종교가, 철학이 면면히 살아 숨 쉰다. 무표정한 저 강물 속에 신성을 향한 인간의 염원이 함께 흐르듯이 말이다.

힌두인들은 평생에 한 번만이라도 이 갠지스 강물에 몸을 씻어야 한다고 여긴다. 그들은 갠지스 강을 비슈누 신의 발뒤꿈치에서 흘러나온 물이라 말한다. 그 물에 몸을 담그는 행위는 그 동안 지은 죄를 무(無)로 돌아가게 하려는 열망일 것이다. 업의 무화(無化), 그것의 수학적 표현을 0이라 말해도

지나친 억측 같지는 않다. 힌두인의 그러한 정신적 풍토에서 태어난 0은 이제 또 다른 곳으로 긴 여행을 떠나게 될 것이다. 인도의 정신이 담긴 한 숫자 앞에서 이방인들은 또 어떤 표정을 짓게 될까?

인도-아라비아의 수가 유럽으로 갔을 때

신의 사제가 악마와 결탁했다고?

0은 인도를 떠나 아라비아를 거쳐 유럽으로 왔다. 로마 교회가 유럽을 지배하던 시절, 당시 쓰던 숫자는 인도와는 완전히 달랐다. 문자를 숫자로 썼는데, 1부터 10까지는 Ⅰ Ⅱ Ⅲ Ⅳ Ⅴ Ⅵ Ⅶ Ⅷ Ⅸ Ⅹ로, 그 이후의 단위들은 L(50), C(100), D(500), M(1000) 등으로 표기했다. 그래서 현대의 1612는

M+D+C+XⅡ가 된다. 조금 불편해 보일지 모르지만 10세기 말의 유럽인들에게는 전혀 그렇지 않았다.

하지만 사람들이 아직 0을 모르던 그 시절에 한 젊은이만은 남몰래 갈등을 겪었을 듯하다. 그는 이슬람의 과학과 문화에 깊이 빠져 있던 학자이자 사제로서 밤마다 아랍 상인이 건네준 신비한 책들에 빠져 있었다. 그중에는 인도 수학자가 쓰고 아랍인이 번역한 서적도 있었는데, 사제는 여기에서 아주 이상하게 생긴 모양을 만나게 된다. 아라비아 숫자라 부르게 된 아홉 개의 숫자와 0. 그가 어떤 반응을 보였을까?

그는 바로 이교도 학문에 빠졌던 제르베르 도리악이라는 사제로, 훗날 가톨릭의 139대 교황이 되는 문제적 인물이었다.

산 조반니 인 라테라노 대성당은 로마에 있는 성당 가운데 가장 오래된 건축물이자, 가톨릭 신자들이 전 세계 모든 성당의 어머니로 추앙하는 곳이라고 한다. 성당 안에 들어서면 교회와 교리를 지킨 성인들이 장엄한 위용으로 이 공간을 감싸고 있다. 실베스테르 2세라고 불린 제르베르 도리악의 무덤도 성당의 한쪽을 차지하고 있다. 이슬람 숫자를 가까이 한 죄로 재위 기간 내내 스캔들에 시달린 교황이었다는데, 심지어는 그가 죽은 후에도 무덤을 파헤치자는 시비가 붙을 정도였다. 이 흥미로운 인물에 대해서 뉴욕대학 찰스 세이프 교수는 다음과 같이 설명한다.

"실베스테르 2세가 서거한 후 생전에 그가 악마와 결탁했다는 소문이 돌았습니다. 사탄의 영향을 받은 지옥의 교황이었다고요. 아라비아 숫자도 그

런 평가를 받게 한 이유에 포함되어 있었죠. 이 이상한 상징이 아마 사탄에게 받은 것인지도 모른다고들 했거든요. 이런 지식들에 대해서 종교적 거부감이 굉장했던 거죠. 그렇지 않았다면 서양은 훨씬 빨리 성장할 수 있었을 겁니다."

제르베르는 로마 가톨릭의 수장이었지만 사실 학자에 더 가까운 사람이었다고 한다. 유럽에 소수점 제도를 처음 도입한 사람이 바로 그였다. 또한 아라비아 숫자로 '아바크(주판)'를 개량한 인물이기도 했다. 말하자면 과학자이자 공학자였다고 할까. 당시의 주판은 너무 번거로워서 사람들에게 인기가 없었다. 그때의 방식과 제르베르의 방식으로 984를 놔 보면 그 이유를 알게 될 것이다.

예전에는 자리마다 개수만큼 돌을 놔야 했다. 100의 자리에는 9개, 10의 자리에 8개, 1의 자리에 4개. 그러나 아라비아 숫자는 각 자리마다 9, 8, 4가 적힌 돌 하나만으로 셈이 가능했다. 하지만 0과 아라비아 숫자는 여기에서 걸음을 멈춘다. 중세의 기독교인들이 이교도의 숫자를 받아들이기는 아

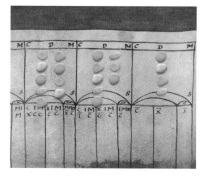 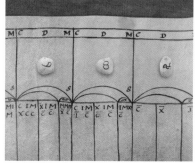

무래도 꺼림칙했을 것이고, 제르베르로서도 그런 시대적 분위기를 넘어서기가 부담스러웠을 것이다.

당시는 "자연은 진공을 싫어한다."로 대변되는 아리스토텔레스의 세계관이 지배하고 있던 시절이었다. 진공, 없음, 무 그리고 무한 같은 관념은 인간의 세계에 수용될 수 없는 것이었다. 우주에는 끝이 있고 거기에서 신이 모든 질서를 움직인다는 견해만이 교회의 생각과 잘 맞아떨어졌다. 그러니 0에서 서성이는 제르베르가 달가울 리 있었겠는가. 오로지 '신성'만이 중요시되던 시대에 그가 인간의 학문에 너무 탐닉했다는 것이 죄라면 죄였을 것이다.

0의 전도사, 피사의 레오나르도

제르베르가 살던 시절에서 2세기가 흘렀다. 이번에는 이탈리아 피사 출신의 상인이 주인공이다. 흔히 이탈리아에서 유명한 '레오나르도'라고 하면 레오나르도 다빈치와 함께 이 사람, 피사의 레오나르도를 꼽는다. 우리에게는 갈릴레오가 물리학 실험을 했다는 피사의 사탑으로 유명하지만, 13세기의 이곳은 이탈리아에서 손꼽히던 상업 도시였다. 이제부터 우리가 만날 피사의 레오나르도는 유럽에 인도-아라비아 숫자를 최초로 소개한 사람, 바로 '피보나치'로 알려진 인물이다.(피보나치란 '보나치의 아들'이라는 뜻이다.)

피사는 바닷길이 있어 일찍부터 교통의 요지로 발달했다. 그 바다를 건너면 이삼일 만에 북아프리카 해안에 닿을 수 있었다. 피보나치는 아주 어릴 때부터 무역상인 아버지를 따라다니며 북아프리카와 이집트, 시리아, 그리스, 시칠리아 등을 여행했다. 북아프리카는 피사와 기후가 비슷했지만 풍속과 문화는 전혀 다른 곳이었다. 무슬림이 지배하던 영토였으니까 당연한 일이었다. 피보나치는 이곳에서 문제의 수인 인도-아라비아 숫자를 대면하게 된다. 물론 0을 포함해서.

제르베르의 경우에서도 보았듯이 새로운 수를 알게 됐다고 해서 사람들이 금세 그것을 받아들이는 것은 아니다. 로마 숫자를 써도 그동안 잘만 살아온 데다 어떤 면에서는 인도-아라비아 숫자보다 더 계산하기가 편리했다.

777에서 216을 더하거나 빼 보면 알 수 있다. 숫자를 그대로 내려쓰면 계산이 끝난다. 새로운 숫자처럼 복잡하지 않고 직관적이지 않은가. 굳이 새로

운 것을 받아들여 배울 필요가 없었을 것이다. 하지만 이재에 밝고 수를 잘 알았던 한 장사꾼의 눈에는 새로운 숫자들이 예사로워 보이지 않았다. 무역을 하며 늘 숫자와 함께 산 피보나치였기에 인도-아라비아 숫자가 지닌 위력을 간파할 수 있었을 터. 그것은 기존의 로마자 수 체계에서는 볼 수 없었던 가능성이었다. 그는 결국 이 숫자를 널리 소개하기로 결심하기에 이른다.

위 책은 피보나치가 1202년에 펴낸 『산반서』다. 지금은 1228년에 출판된 제2판만이 전해지는데 그마저도 800년 묵은 책이다. '계산판의 책'이란 제목처럼 겉만 보면 주판에 대해 쓴 것으로 알기 쉽지만, 실은 인도-아라비아 숫자의 사용을 강력하게 주장하는 내용이 담겨 있다. 첫 장을 넘기면 첫머리가 이렇게 시작된다.

"아홉 개의 인도 숫자는 9 8 7 6 5 4 3 2 1이다. 이 아홉 개의 숫자와 함께 있는 기호 0을 아랍인들은 어떤 수와 붙어 있든 상관없이 '제피룸Zephirum'이라고 부른다."

이것이 최초로 유럽에 소개된 0이었다. 1부터 9 그리고 0. 그는 이것만 있으면 어떤 큰 수도 표현할 수 있다고 말했다. 로마 숫자처럼 일, 십, 백, 천, 만 같은 자릿수마다 새로 문자를 만들 필요도 없다. 『산반서』에는 이 수들로 할 수 있는 다양한 계산 문제도 실려 있어서 인도-아라비아 숫자가 복잡한 계산 문제에는 훨씬 정확하고 편리한 해결 수단임을 확인시켜 준다. 피보나치에게 이것은 말하자면 획기적인 신제품이었다.

그러나 인쇄 기술이 형편없던 시절이던 탓에 『산반서』는 아주 더디게 세간에 알려졌다. 게다가 당시 사람들이 이해하기에는 책 내용이 너무 어려운 것도 문제였다. 그렇게 다시 묻히는가 싶었던 0과 아홉 개의 숫자들은 어떤 이유로 인해 다시 살아나게 된다. 가장 큰 이유는 '필요'였다. 세상은 이미 그 수들을 필요로 할 만큼 진보하고 있었기 때문이다.

0의 서구 충격! 주산파 vs 필산파

0이라는 둥근 돌이 일으킨 파문

이탈리아 토스카나주의 시에나. 피렌체와의 경쟁에서 밀리긴 했지만

15세기까지는 상업과 교통의 중심지였다. 이 도시의 시내 중심가에는 세계에서 가장 오래된 은행이 남아 있다. 1472년에 설립된 몬테 데이 파스키 디 시에나Monte dei Paschi di Siena 은행이다. 이곳을 이끌던 금융가 중에서 인도-아라비아 숫자를 적극적으로 도입하는 이들이 나타나기 시작한다. 어찌 보면 당연한 일이었다. 로마자로는 수용하기 힘들 만큼 상업과 금융의 규모와 회계 단위가 엄청나게 커지지 않았겠는가.

그런데, 복잡하고 어려운 계산도 하기 편해서 쉽게 퍼질 줄 알았던 새로운 숫자들은 의외로 큰 저항에 맞부딪치게 된다. 이웃인 피렌체 정부는 그 숫자의 사용을 금지까지 할 정도였다. 바야흐로 구세력과 신흥세력의 갈등이 시작된 셈이다. 그 시절 '아바키스트'로 불린 주판(아바크) 전문가들이 계산을 독점하던 지식인들이었다는 점을 헤아리면 이해 못 할 것도 아니다. 자신들의 기득권을 뺏기게 생겼으니 눈에 불을 켜지 않을 수 있었겠는가. 물론 세이프 교수의 말처럼 새로운 시대적 요구를 막기는 무리였겠지만 말이다.

"상인들은 아라비아 숫자를 원했죠. 돈 문제니까 막는 건 어려웠습니다. 상인들이 아라비아 숫자를 사용하자 곧 독일을 통해 다른 유럽 국가에도 퍼지게 됩니다."

더욱이 당시 이탈리아는 새로운 수와 산술이 가장 발달한 첨단 지대였으므로 더 시끄러웠을 법하다. "덧셈과 뺄셈을 배우려면 아무 대학이나 보내도 되지만, 곱셈과 나눗셈을 익히려면 이탈리아의 학교로 가야 한다."는 말이 있을 정도였으니까.

이처럼 점점 더 치열해지는 주산파와 인도-아라비아 숫자를 신봉하는 산술파의 대결은 16세기 독일의 대학 교재인 『마가리타 필로소피카Margarita Philosophica』에서도 잘 드러난다.(우리말로 '지혜의 진주'라는 뜻이다.) 프랑스국립도서관 사서인 주느비에브 기유미노 여사는 이 책을 "학생들을 위한 백과사전, 공부할 때 도움이 될 만한 모든 지식을 요약한 책"이라고 설명한다.

책은 모두 12개의 장으로 돼 있다. 알파벳을 발명한 것으로 알려진 카르멘타가 아이들을 배움의 장으로 이끄는 형식으로 전개되며, 각 장마다 대부분 삽화가 나온다.

그중에서도 위 그림은 주판과 아라비아 숫자의 싸움을 가장 상징적으로 드러내 주는 것으로 유명하다. 기유미노 여사는 이렇게 말한다. "두 등장인물은 각각 로마 숫자와 아라비아 숫자를 쓰는 수학자를 상징해요. 당시 유럽에서는 어느 것이 더 효율적인지 열띤 토론이 벌어지곤 했죠."

오른쪽 인물은 500년 넘게 권력을 잡았던 기득권 세력, 주산파 대표다. 왼쪽 인물은 당연히, 종이에 써서 손으로 계산하는 신흥 세력인 필산파 대표. 주산파는 돌을 놓아 계산하고 답은 로마자로 썼다. 실제로 어떻게 계산했을까? 58×123을 해 보자.

먼저 아바크에 58을 놓는다. 50(L)의 자리에 돌 하나, 5(V)의 자리에 하나, 1(I)의 자리에 셋. 그리고 123의 100자리를 먼저 58과 계산한다.

58×100 = 5800.

그 다음에는 58 곱하기 123에서 십의 자리인 20을 곱한다. 58 곱하기 10을 한 후 2배를 하면 된다.

(58×10)×2 = 1160.

마지막으로 58과 123의 일의 자리인 3을 곱한다. (58×1)×3＝174. 지금까지 곱해서 얻은 수를 모두 더하면 5800＋1160＋174이므로 정리하면 7134가 된다.

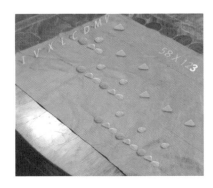

계산이 끝나면 답은 로마자로 썼으니 다음과 같다.

$58×123＝\overline{V}MMCXXXIV(5000＋1000＋1000＋100＋10＋10＋10＋4)$.

똑같은 문제를 필산파는 이렇게 풀었다. 먼저 일의 자리를 계산해서 8×3=24를 놓는다. 그러고 나서 십의 자리인 2는 손에 쥐고 4를 1의 자리에 쓴다.

다음은 10의 자리를 계산할 차례. 8과 2, 5와 3을 곱하면 각각 16과 15가 된다. 여기에 손에 쥔 2를 더하면 33.

33의 3을 손에 쥐고 끝자리 수 3을 올린다. 그다음은 백과 천의 자리를 얻기 위해 1과 8, 2와 5를 곱한다. 이렇게 해서 나오는 수 8과 10, 그리고 손에 쥔 3을 더하면 21.

손에 2를 쥐고 1을 올린다. 끝으로 1과 5를 곱하면 5가 나오므로 손에 쥔 2와 5를 더하면 7.

 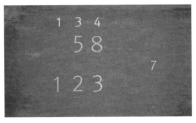

따라서 58 곱하기 123은 7134가 된다. 곱셈 방식이 지금과는 조금 달랐다.

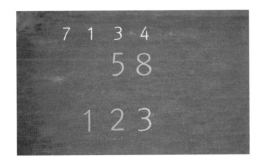

인도-아라비아 숫자로 종이와 펜을 이용해 계산했던 필산파. 그리고 아바크를 이용한 전통적인 방식을 고집했던 주산파. 과연 누가 더 빨랐을까. 답을 내는 속도는 둘 다 비슷했다. 그러나 『마가리타 필로소피카』에 그려진 삽화에서 필산파와 주산파의 시합을 관장하던 숫자의 정령(여신)을 유심히 살펴보라. 그녀의 얼굴이 어느 쪽을 향하고 있는가를 보면 승자가 누구였는지를 알 수가 있다. 역사는 왜 필산파의 손을 들어 준 것일까? 다음은 세이프 교수의 귀띔이다.

"아라비아 숫자는 어떻게 사용하는지만 알면 옛날 방식인 로마 숫자보다 훨씬 효율적이었죠. 로마 숫자 방식은 숫자를 셈판 위에 돌이나 콩으로 바꿔서 계산해야만 했어요. 그 결과는 다시 로마 숫자로 써야 했고요. 오랫동안 이렇게 해 왔는데, 상인들이 아라비아 숫자를 알고 난 후에는 달라졌습니다. 돌을 움직이지 않고 종이 위에 계산을 할 수 있었어요. 훨씬 효율적이었던 거죠."

인도-아라비아 숫자가 유럽에 정착하기까지 무려 800년. 일반인들까지 이 숫자를 접하게 된 것은 인쇄 기술의 발전 덕분이었다. 게다가 종이 값도 낮아지면서 많은 이들이 인쇄된 수학책을 접할 수 있게 됐다. 수학이 보통 사람들의 손에 들어간 것이다.

하나, 둘, 셋, 넷……
숫자를 부르는 이름은 저마다 다르다.

우(五), 리우(六), 치(七), 빠(八)……
그러나 사람들은 하나의 숫자를 쓴다.

나인Nine, 텐Ten, 일레븐Eleven……

다른 언어로 같은 생각을 한다는 것.

두즈Douze, 트레즈Treize, 카토즈Quatorze……

수학이라면 가능하지 않겠는가!

시대의 요구에 수학은 언제나 치열하게 고민했으며,

그 요구보다 한 발 앞서 시대를 이끄는 대답을 들려주었다.

수의 우주, 거기에 0이라는 카오스가 있었고

인간은 그 수를 원대한 정신의 코스모스에 편입시켰다.

우리는 그렇게 또 한 발 성숙을 향한 걸음을 내딛은 것이다.

그렇다면 이제 또 어떤 수가 태어나,

새로운 세계의 지평으로 우리를 데려갈 것인지…….

제5부

천공의 수
i

수의 시작은 자연수였다. 그리고 필요에 따라 사람들은 새로운 수들을 하나씩 찾아냈다. 음수, 유리수, 실수, 그 마지막은 복소수였다. 복소수는 실수와 허수라는 두 가지 수의 결합이다. 다른 새로운 수들의 탄생이 그랬듯 허수 역시 오랜 시간 동안 환영받지 못했다. 19세기의 수학자 루이스 캐럴은 매우 창의적인 방법으로 허수를 조롱하기도 했다. 웃음만 남겨 두고 사라져 버리는 체셔고양이를 통해서 결과만 남겨 두고 사라져 버리는 허수를 풍자한 것이다. 이 이상하고도 야릇한 수는 대체 어떤 필요에 의해 탄생한 것일까?

Numbers
i

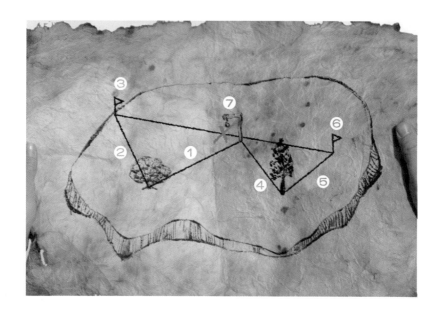

　낭떠러지 끝. 손 하나가 올라온다. 이어 턱걸이 하듯 팔을 걸치고 올라온 사내의 얼굴이 힘에 겨워 보인다. 하지만 잠시 숨을 고르고 난 후 눈앞에 펼쳐진 광경을 바라보는 표정은 어느새 미소로 한가득이다. 하늘을 떠다니는 천공의 섬들이 구름을 뚫고 펼쳐져 있다. '대체 내가 여길 어떻게 올라왔을까?' 그리고 여기, 자신의 주위로 이 험난했던 모험의 도착지가 있다. 떡갈나무 한 그루와 소나무 한 그루. 지도에 표시된 곳이 맞다.

　이 여정은 사내가 우연히 손에 넣게 된 지도 한 장에서 시작됐다. 소나무와 떡갈나무를 확인하며 그가 지도를 펼친다. 이제 두 나무 사이의 어딘가를 찾아내기만 하면 보물은 그의 것이 되리라.

　"가만 있자……. 떡갈나무랑 소나무가 여기 있으니 깃발 꽂을 자리를 찾으면 되겠네."

지도에서 알려 준 보물의 위치는 찾기 쉬워 보인다.

① 일단 교수대에서 떡갈나무를 향해 걸어간다.

② 떡갈나무를 만나면 오른쪽으로 직각만큼 방향을 바꿔 교수대에서 떡
   갈나무까지 온 거리만큼 더 걸어간다.

③ 거기가 깃발을 꽂을 자리다. 깃발을 꽂는다.

④ 다시 교수대로 돌아와 이번에는 소나무까지 걸어간다.

⑤ 소나무를 만나면, 그 자리에서 직각만큼 좌회전해 역시 걸어온 거리만
   큼 더 걸어간다.

⑥ 거기에 또 하나의 깃발을 꽂는다.

⑦ 두 깃발의 한가운데를 찾는다. 바로 거기에 보물상자가 있다.

"이거야 원. 절벽 오른 것에 비하면 뭐, 식은 죽 먹기잖아."

지도를 접은 사내는 득의만만하다. 룰루랄라, 장비를 챙겨 발을 떼는 사
내. 그런데 그가 갑자기 멈춰 섰다. 잠시의 적막이 흐른 뒤 사내의 입가에선
신음 같은 중얼거림이 흘러나왔다.

"뭐야…… 교수대가 없잖아……?"

횅뎅그렁한 떡갈나무와 소나무
사이로 까악, 까마귀 한 마리만 날
아간다. 잠시 망연자실해진 사내. 하
지만 여기까지 와서 포기할 순 없다.
이윽고 미친 듯 여기저기를 파헤치
기 시작한다. 얼굴은 붉으락푸르락,

아무리 애써 봐도 보물이 나오지 않는다. 얼마 안 가 지쳐 주저앉아 버린 사내는 한참을 실망과 분노가 섞인 눈으로 허공만 바라봤다.

새로운 희망이 보인 것은 그가 신경질적으로 바닥의 돌멩이를 집어 던졌을 때였다. 딱! 돌멩이가 저만치에서 부딪히는 소리가 들려오는 찰나, 문득 머릿속으로 하나의 아이디어가 떠올랐던 것이다. 사내는 곧 바닥에 엎드려 미친 듯이 무언가를 써 내려가기 시작했다. 얼마 안 가 계산 끝. 다시 돋은 에너지로 신중히 위치를 찾아가는 사내는 신중하게 목표 지점을 고른 후 빠르게 삽질을 해 나간다. 얼마나 팠을까. 딱! 삽 끝으로 단단한 물체의 충격음이 전해졌다. 점점 밝아지는 사내의 얼굴로 바람에 날려 온 지도가 팍, 들러붙는다.

그가 땅속에서 꺼낸 것은 무엇이었을까? 그리고 교수대가 없었는데도 그는 어떻게 그 지점을 찾았을까? 그것은 이제 우리가 찾아야 할 방법이다. 그 비밀은 어떤 희한한 수에 있다.

수의 기원에 관한 이야기

2만 년 전 동물 뼈에 새겨진 흔적

유럽 북서쪽의 작은 나라 벨기에. 브뤼셀은 이 나라의 수도다. 어떤 사람은 국제회의에 참석하기 위해, 또 어떤 사람은 유럽의 한 도시를 보기 위해 이곳을 찾는다. 정말 집요한 미식가라면 그 유명한 벨기에 와플 때문에 오기도 할 터. 그러나 우리가 찾을 곳은 따로 있다. 나라 크기와는 반대로 벨

기에는 유럽에서 가장 큰 공룡 전시관이 있다. 바로, 브뤼셀에 위치한 국립
자연사박물관이다.

백악기를 주름잡았던 공룡들이 자신의 전성기를 뼈다귀로 남겨 놓았다.
그런데 사실 이 박물관의 자랑은 따로 있다고 한다. 얼마나 크고 대단한 것
인가 싶어 잔뜩 기대했더니, 어마어마한 전시장이 아닌 기껏 작은 서랍에서
나온다. 이 손가락 크기만 한 뼈가 대체 뭐라고.

이것이 1960년 콩고에서 발견된 '이상고 뼈'란다. 이 동물 뼈를 발견한 지

역이 비궁가국립공원 내의 이상고였
기 때문에 붙게 된 이름이다. 벨기
에 고고학자인 장 드 브라우코르가
10cm가량의 뼈 세 개를 발견했는데
이것은 그중에 하나다.

"최근 조사에 따르면 이 뼈는 약
2만 년 전의 것으로 추정됩니다. 수
학과 관련된 것으로는 가장 오래된
유물이죠. 2만 년 이전의 것은 발견
된 적이 없으니까요. 브라우코르는
이 뼈에 일정한 간격으로 새겨진 빗
금을 관찰했어요."

박물관 직원인 라우렌스 카마르트 씨의 말이다. 그녀의 얘기로는 뼈를 발
견한 당시부터 이 빗금들이 학자들에게 놀라움과 호기심의 대상이었다고
한다. 사람이 손으로 직접 새긴 흔적. 원시인들은 이것으로 무엇을 하려던
것일까.

문명 발달과 수의 진화

원시인들이 뼈에 빗금을 새긴 이후로 한참 시간이 흐르면 또 다른 세계
가 펼쳐진다. 사냥의 시대에서 목축의 시대로 접어들 무렵, 인간의 원초적인
수 감각은 더욱 진화해 나갔다. 처음에 원시인들은 자신이 키우는 양들을

'많다' 혹은 '적다', '아주 많다', '아주 적다'는 정도만으로 헤아렸을 뿐이다. 그러다가 마릿수를 세기 시작한다. 하지만 예나 지금이나 사물의 개수를 헤아린다는 것이 쉽지만은 않은 일이었나 보다.

중앙아시아 내륙의 키르기스스탄. 국토 대부분이 산인 나라다. 해발 3000m의 이 땅은 서늘한 기후가 양을 키우기에는 참 좋은 조건을 선사한다. 키르기스민족은 조상 대대로 유목민이었다. 늦봄, 목동들은 마을의 양들을 모아 산을 올라 여름 내내 풀을 먹였다.

"이리로 몰아, 이리로!" 풀어놨던 양들을 다시 우리에 가둘 시간이다. 목동들에겐 중요한 일이 아직 하나 남아 있다. 이제부터 양을 세어야 하는 것이다. 혼자 세다 틀릴까 봐 둘이서 센다. 양이 갑자기 몰려들면 마음이 급해지니 정신 바짝 차릴 일이다. 곧 해가 저물 시각. 양들을 다 세고 나면 어둠이 바로 지척까지 몰려들 것이다. 그런데, 이들에게 약간 문제가 생긴 듯하다.

"네 마리? 네 마리가 부족한 거야? 다시 세 볼까? 둘이 하니까 헷갈려서 그래. 소리를 내서 세니까 세다가 놓친 것 같아. 내 계산으로는 네 마리가 부족해."

양의 머릿수를 맞춰 놓지 않으면 나중에 양 주인이 굉장히 성을 낼 것이다. 개수를 세는 일. 이 목동들의 고민은 사실 굉장히 오래된 일이다. 인류가 생겨나고 가축을 기를 무렵부터 말이다. 그런데 그때는 어떻게 양의 마릿수를 셌을까. 여기에 수천 년 전의 풍경을 상상할 수 있게 해 줄 단서가 있다.

오른쪽은 루브르박물관에 있는 칼쿨리 항아리다. 기원전 3500년경 메소포타미아의 유물로 현재의 이란 수사 지역에서 출토된 것이다. 진흙으로 만든 항아리의 안은 비어 있는데, 당시 사람들은 자신의 재산을 여기에 넣어 놓았다. 겉면에는 자기 소유라는 표시도 해 놓았다. 그런데 양을 어떻게 이 작은 항아리에 넣었다는 얘기인가. 당연히 불가능한 일이다. 그래서 대용품을 쓰기로 했다. 돌멩이였다. 통통한 양, 새끼 양, 갈색머리 양. 크기와 모양에 상관없이 각각 돌멩이 하나로 쳤다. 그러니 돌멩이는 재산을 상징하는 수단이었던 셈이다. 케이스웨스턴리저브대학의 콜린 맥라티 교수가 양한 마리에 돌멩이 하나를 대비하는 행위의 정신사적 의미를 짚어 준다.

"뚱뚱한 소 두 마리, 마른 소 두 마리가 있다고 합시다. 서로 다르죠? 하지만 수학자에게 2는 그냥 2일뿐입니다. 플라톤은 이것이 인류의 사고를 격상시키는 순간이라고 말했어요. 수학에서 2는 뚱뚱하거나 마른 소가 아닌 그냥 두 마리의 소일 뿐이죠."

통통한 양이든 마른 양이든 한 마리는 똑같이 1이다. 시간이 흐르면 수를 세는 도구가 돌멩이에서 더욱 세련된 것으로 바뀌게 된다. 가령 이집트인들이 그린 작대기 그림 같은 것으로 말이다. 하지만 수로 세야 하는 범위가 커질수록 계속해서 새로운 수가 필요해졌다. 고대 이집트인이 작대기 10개를 말발굽 하나로 나타냈듯이.

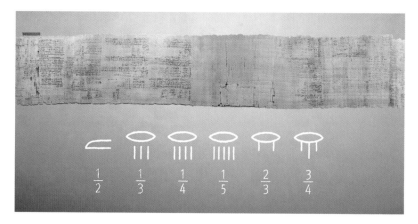

말발굽 하나에 10. 고대 문명에서는 이처럼 자연의 모습을 따서 수를 만들었다. 그래서 자연수다. 일단 숫자가 생기자 그다음은 속도가 빨라졌다.

이제 자연수만으로는 부족해졌다. 문명이 발달하면서 생활은 복잡해지기 마련이다. 공동생산, 공동소비 방식으로 살던 원시시대에 비하면 개인의 소유도 더 늘어난 터였으니 당연히 분배의 문제도 생긴다. 그것을 어떤 수로 나타내야 할까. 대영박물관에서 만난 고대 이집트 파피루스에서 답을 찾을 수 있을 것이다. 수학 문제집인 '아메스 파피루스'에 적힌 새로운 수는 자연수를 자연수로 나눈 수, 곧 분수다. 2분의 1은 하나를 둘로 나눈 수, 3분의 1은 하나를 셋으로 나눈 수였다. 이렇게 인류는 분수로 분배(나누기) 문제를 해결하는 단계까지 나아갔다.

그리스인, 무리수를 발견하다

자와 캠퍼스로 세상을 풀다

수는 발견되는 것일까, 만들어지는 것일까. 양을 세던 데서 자연수가 싹텄고, 분수의 출현으로 분배 문제를 해결할 수 있었다. 그다음 이야기는 수학자들의 정신적 고향인 그리스에서 펼쳐진다. 오늘날 수학의 기본이 태어난 땅. 어디 수학뿐이겠는가. 철학도 그랬다. 사실 푸앵카레연구소 소장인 세드릭 빌라니 교수의 말에서 느낄 수 있듯이, 고대 그리스인이 논리적으로 세상을 이해하기 시작할 무렵에는 수학과 철학이 무척이나 밀접한 관계에 있었다.

"수학은 철학과 같은 시기에 이곳, 그리스에서 태어났습니다. 세계를 이해하는 방법이었죠. 그리스는 여러 문명의 교차로였고, 이집트는 물론 다른

많은 곳과 펼치던 교류의 중심이었어요. 그리스인은 여행의 민족이자 탐험가였고, 역사와 말하기를 매우 좋아한 사람들이었습니다. 또한 선원이면서 상인, 병사이기도 했거니와, 모든 생태계 교류의 주역이었죠. 그들이 진리에 도달하는 방법으로 설계한 것이 철학과 수학이었습니다."

다른 문화, 다른 언어, 다른 문물, 다른 민족들이 한데 모였다. 그들이 서로 떠들어 대다 보면 자기 의견을 주장하는 과정에서 갈등과 불협화음이 끼어들기 마련이다.

이렇듯 서로 다른 목소리를 조절하기 위해 그리스인은 더욱 정교한 논리를 개발하고, 변론하며, 합의에 이르는 기반을 구축해 나갔다. 그런 지적 흐름 속에서 그리스 지식인들이 학문의 영역에 세운 하나의 원칙이 지금도 책으로 남아 있다. 아마 많이 들어 보았을 것이다. 오늘날까지 수학 교과서의 모범이 되는 유클리드의 『원론』이 그것이다.

『원론』은 공리를 하나씩 쌓아 올려 진리의 규명에 이르는 그리스적 사고방식의 전범(典範)이다. 다시 말해 이 책의 완성은 엄격한 논리와 연역으로 이뤄진 사유체계의 정립을 의미하는 사건이었던 셈이다.

수학에서 그러한 논리성을 상징하는 것이 바로 '자'와 '컴퍼스'였다. 이 도구들로 그릴 수 있는 기하학 도형만이 공리를 만족시킬 수 있었기 때문이다. 자와 컴퍼스로 그리스인이 어떻게 각의 2등분 문제를 풀었는지 아래 그림으로 살펴보자.

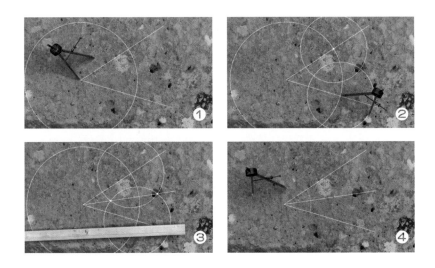

① 주어진 각의 꼭짓점에다 컴퍼스를 대고 원을 그린다. 그러면 원과 두 선분이 만나는 교점이 생긴다.

② 이 교점에서 다시 컴퍼스를 대고 반지름이 같은 원을 각각 그린다.

③ 두 원이 만나는 교점과 처음 원의 중심을 잇는다.

④ 각이 2등분된다.

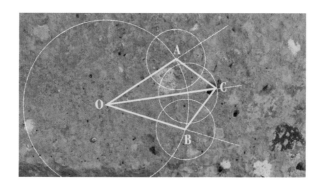

이렇게 만들어진 두 삼각형은 세 변의 길이가 같은 '합동'이다. 따라서 각 AOC와 각 BOC는 같다. 이로써 각의 2등분이 증명된 것이다.

같은 방법으로 하면 4등분, 8등분도 가능하다. 사이사이의 두 선분을 위의 방법으로 각각 2등분해 나가면 되니까, 이런 식으로 하면 16, 32, 64……로 등분해 나갈 수도 있다.

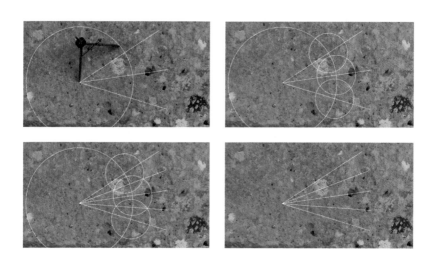

그럼 3등분은 어떨까. 직각을 3등분하는 것은 쉽다.

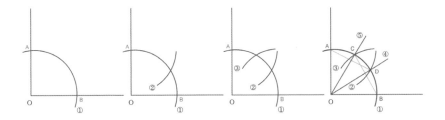

① 원점(O)을 중심으로 임의의 반지름을 가진 호를 그린다. $\overline{OA}=\overline{OB}$

② A를 중심으로 ①과 길이가 같은 반지름을 둘러 $\overset{\frown}{AB}$와 교점을 찍는다.

③ B를 중심으로 ②와 같은 방식의 작도를 반복한다.

④, ⑤ O와 $\overset{\frown}{AB}$의 두 교점에 선분을 긋는다.

　여기서 △AOD와 △BOC는 세 변의 길이가 같은 정삼각형이므로 한 각의 크기는 60°다. 따라서 각 ∠AOD가 60°이면 ∠BOD는 직각 안에서 30°가 된다. △BOC를 기준으로 해도 ∠AOC 역시 30°다. ∠AOC, ∠BOD가 30°면 ∠COD 역시 30°이므로 직각이 3등분된다.

　그런데 문제는 3등분이 되는 각이 있고, 되지 않는 각도 있다는 것이다. 가령 60°의 경우가 그렇다. 엄격한 그리스의 정신이 이것을 가만 놔둘 리 있겠는가. 안 될수록 더욱 고집스럽게 도전했다. 그러나 수많은 수학자들이 몰두했어도 완벽한 답을 찾지는 못했다. 기나긴 실패의 시간. 문제가 해결되려면 2000년은 기다려야 했으니 참 많이도 답답했을 것이다. 19세기의 수학자 피에르 방첼이 내린 결론은 60°의 3등분 작도는 불가능하다는 것이었다. 결국, 자와 컴퍼스만으로 '모든' 각을 3등분할 수는 없다!

뜻밖의 수 $\sqrt{2}$

그리스인은 그처럼 자와 컴퍼스만으로 고집스럽게 수학을 건설했다. 실생활에 크게 쓰이지도 않는 것도 끝까지 따져 묻기를 포기하지 않았다. 진리란 그런 것이라 믿었던 시대였다. 그러나 때로는 그런 고집이 지적인 고통을 불러일으킬 때도 있었다. 빌라니 교수가 '감옥'이라는 말까지 쓰는 것을 보면 조금 '중증'이었나 보다.

"오래전 그리스인들이 만든 감옥이 있었습니다. 아무도 피할 수 없었죠. 이 감옥에는 고대의 세 가지 기하 문제가 있었고요. 그중 하나가 각의 3등분이었습니다. 그리고 또 다른 문제가 있는데, 이것은 아폴론이 내린 치명적인 전염병에서 시작됩니다."

흔히 '배적문제'라고도 부르는 두 번째 감옥은 전설에서 출발한다.(세 번째는 1부 '하늘의 수, 파이' 편에서 다룬 원적문제였다.) 그리스 신화의 영웅 아가멤논 왕에게 딸을 뺏긴 아폴론 신의 사제가 있었다. 그가 원통한 속사정을

누구에게 고하겠는가. 사연을 들은 아폴론 신은 노발대발했고, 그 분노만큼 재앙을 퍼부었다. 신이 내린 전염병으로 아테네 시민 4분의 1이 죽는 참사가 벌어진 것이다. 다급해진 아테네 시민들이 그의 노여움을 풀고자 신탁을 받기에 이른다.

"아폴론 신전의 제단을 더 크게 만들라.
단, 모양은 똑같되 크기는 정확히 2배가 돼야 한다."

신의 저주를 풀려면 기하학 문제를 풀어야 한다는 얘기다. 누가 그리스 아니랄까 봐! 어쨌든 이 문제를 해결해야 전염병에서 벗어날 수 있을 터였으니 서두를 일이었다. 처음에는 그다지 어려워 보이지 않았다. 금세 풀릴 줄 알았던 것이다. '제단의 둘레와 높이를 2배로 늘리면 되잖아.' 그런데 막상 해 보면 2배가 아닌 8배가 된다.

그럼 이렇게 하면 좀 쉽지 않았을까? 원래 제단 크기의 물탱크를 만들어 물을 채우고 나서 이때 들어간 물의 2배가 되는 양으로 채울 만한 물탱크를 새로 만드는 것이다. 제단도 그것과 똑같은 크기로 만들면 된다. 하지만 그들은 이 쉬운 방법을 택하지 않았다. 빌라니 교수의 설명을 듣다 보니 아차 싶다. '맞아. 이들은 따지기 좋아하는 그리스인이었지!'

"물론 우리는 2배의 부피를 측정할 수 있고, 입방체를 만들 수 있으며, 담고 있는 물의 양 또한 알 수 있습니다. 그러나 완벽할 수 없죠. 그리스인들은 정확성과 영원을 갈망했어요. 입방체의 부피를 기하로만 찾아야 했던 거죠. 당연히 자와 컴퍼스만으로 모든 것을 실현시키길 원했고요."

그런데 자와 컴퍼스로 쌓아올린 이 완고한 세계가 뜻밖의 수를 찾아내기에 이른다. 한 변이 1인 직각삼각형을 놓고 고민에 빠졌던 사람을 알고 있는가. 피타고라스학파의 히파수스에 얽힌 아주 유명한 얘기다. 그가 한 변이 1인 직각이등변삼각형을 마주했을 때, 어쩌면 또 하나의 감옥에 갇힌 심정이 아니었을까. 히파수스는 왜 이 삼각형의 빗변 길이가 안 나오는지 좀체 이해할 수가 없었다.

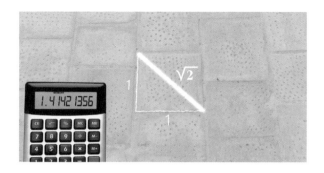

그리스인에게 분수란 자연수와 자연수의 비로 이뤄지는 것이었다. $\frac{1}{2}$은 1을 2로 나눈 것, 즉 0.5다. 자연수의 비로 이뤄졌다면 이렇게 나눠서 딱 떨어져야 한다. 그게 아니라면 $\frac{1}{3}$처럼 1을 3으로 나눴을 때 0.33333⋯⋯ 같은 패턴으로 계속 순환해야 한다. 그런데 히파수스가 본 수는 무엇인가.

널리 알려진 것처럼 $\sqrt{2}$였다. 나누어 딱 떨어지지도 않고, 순환하지도 않는다. 자연수의 비로 표현될 수 없는 수라는 얘기였다. 그러니 오직 유리수밖에 모르던 그가 당황하지 않을 수 없었을 것이다. 무리수는 이렇게 놀라움과 두려움으로 인간에게 다가섰다. 그 또한 자와 컴퍼스로 대변되는 그리스인의 강박적 세계관을 충격하는 망치였던 셈이다.

방정식 속에 상상의 수, 허수

3차방정식, 기하학으로 풀다

16세기 밀라노는 상업이 발달해 많은 사람이 선망하는 도시였다. 그 시절에도 야망을 품은 이들은 대도시로 몰려들었다. 성공을 향한 욕망이 그들의 발걸음을 부추겼고, 그것은 수학을 하는 이들이라고 해서 별다르지 않았다. 중세 암흑기를 벗어나 정신과 물질문명이 함께 고조되던 열기의 도가니. 새로운 수는 여기에서 생겨난다. 자연수, 분수, 무리수, 음수…… 하나의 수가 태어날 때마다 인간의 머릿속은 진통을 겪으며 그것을 받아들였다. 이제 인간의 지적 능력은 또 하나의 도전과 마주하게 된다. 그것을 만나기 위해서 밀라노에서 펼쳐진 유명한 결투를 다시 떠올릴 필요가 있다.

제3부에서 보았던 피오르와 타르탈리아의 수학 대결을 기억하는가. 우리는 이 결과를 안다. 두 사람은 서로에게 낸 3차방정식 문제로 경합을 벌였고, 피오르가 완패했다. 요즘에는 고등학생도 3차방정식을 다룰 수 있지만, 당시엔 이것을 풀 줄 아는 이가 극히 드물었다. 열 손가락으로 꼽을 수나 있었을까.

$$x^2 + 2x = 24$$

그들이 대결한 방정식에 좀 더 쉽게 접근하는 방법이 있다. 먼저, 2차방정식을 두고 생각해 보자. 2차니까 x^2이다. 한 변이 x인 정사각형의 넓이와 같다. 그리고 선은 x로 표현된다. 따라서 $x^2+2x=24$는 정사각형과 2개의 선을 합한 것이 24가 된다는 뜻이다. 그럼 x는 얼마인가?

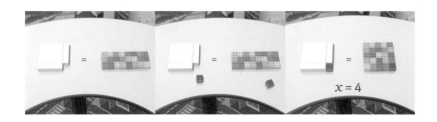

$x = 4$

앞의 그림에서 정사각형에 두 선을 갖다 붙인다. 여기 이 빈칸에 블록을 끼워 맞추려면 양변에 블록을 하나씩 더해 줘야 한다. 그러면 오른쪽 항은 24+1=25가 된다. 넓이가 25인 정사각형이 나왔다. 한 변의 길이는 5다. 이 때 왼쪽에서 선 2개($2x$)와 블록 1개를 빼면? 넓이가 16인 정사각형이 된다. 따라서 한 변의 길이는 4다. 바빌로니아 같은 고대의 문명에서는 2차방정식을 이렇게 풀었다. 이것을 요즘의 방식으로 문자로 표현하면 이렇게 된다.

$x^2+2x+1=24+1$

$(x+1)^2=25$, 곧 $x+1=5$

$x+1-1=5-1$이므로, $x=4$

훗날 그리스인도 2차방정식은 정사각형의 넓이로, 3차방정식은 x를 세 번 곱한 입방체(정육면체)의 부피로 생각했다.

피오르와 타르탈리아가 대결했을 당시의 3차방정식은 모두 세 가지였다. 두 사람은 약 한 달 전 서로에게 문제를 냈고 결투 날 모여 답을 확인했다. 피오르가 낸 문제는 입체와 선으로만 이뤄진 방정식. 타르탈리아는 그것을

받았고 30문제를 전부 풀어 버린다. 그러나 타르탈리아가 낸 문제를 피오르
는 풀지 못했다. 그가 가진 해법은 입체와 평면이 있는 문제를 해결할 수 없
었기 때문이었다. 결과는 30 대 0. 승자가 부와 명예 그리고 종신 교수직을
전리품으로 챙길 수 있던 시절이었다. 피오르는 인생 전부를 건 이 대결에
서 완패하고 만다.

카르다노, "이 수는 불가능하다"

방정식이 돈이 되는 세상. 타르탈리아의 이름은 곧 이탈리아 사교계에 퍼
져 나갔다. 많은 이들이 수학을 배우려고 그를 찾았다. 그중에는 직업도 참

다양한 인물이 하나 있었다. 도박꾼, 의사, 점성술사 그러나 마침내 수학으로 후세에 이름을 날리게 된 사람. 카르다노라는 이름의 이 '요주의 인물' 말이다.

스코틀랜드 대주교가 고질병인 천식으로 무척 고생할 때 카르다노가 그를 돌본 적이 있다. 장거리 여행을 싫어하던 이 이탈리아인을 영국 땅까지 움직인 건 후한 보수였다나. 그런데 그는 수술 한 번, 약물 하나 안 쓰고 대주교를 치료했단다. 최초로 발진티푸스 임상 기록을 남길 정도로 유능했던 의사답다. 어떻게 한 것일까. 도박에도 일가견이 있던 그는 질병을 대하는 관점도 남달랐다. 핵심을 찌르는 승부사처럼 그는 겉으로 드러난 현상이 아닌 병의 원인을 찾아 들어갔다. 원인은 베개의 깃털에 있었다. 대주교는 알레르기에 시달리고 있었던 것이다.

남이 못 보는 것을 꿰뚫어보는 능력. 수학을 하기에 딱 좋은 자질이다. 게다가 끈질기기까지 하니 금상첨화. 그런 성격 덕분에 깐깐하고 배타적인 타르탈리아에게서 3차방정식의 비밀을 얻어낼 수 있었을 게다. 야심가였던 카르다노는 여기에서 멈추지 않았다. 타르탈리아에게서 얻어 낸 부분을 넘어 세상 모든 방정식의 해법에 도전한 것이다. 『아르스 마그나』가 그러한 노력의 결실이었다. 우리가 만나려는 새로운 수도 여기에 실려 있다.

방정식에 통달한 카르다노였지만 그도 이상한 벽을 느낄 때가 있었다. 식을 풀다 보면 가끔 이상한 수가 답으로 나왔는데, 그것이 사람을 꽤나 불편하게 만들었기 때문이다. 예전에도 이 수를 만난 사람들은 있었지만, 투명인간처럼 아예 보지를 못했거나 그냥 무시해 버리기 일쑤였다. 카르다노는 그런 점에서 예외였다. 이제 『아르스 마그나』 37장에 나오는 '음수를 다루는 방법'에 소개된 2차방정식 문제를 펼쳐 보기로 한다.

"더하면 10이고 곱하면 40인 두 수는 무엇인가?"

참 간단해 보인다. 일단 더해서 10이 되는 두 개의 수를 찾아보자. 1과 9, 2와 8, 3과 7, 4와 6, 그리고 5와 5. 자연수 안에서는 이것뿐이다. 그런데 어느 수를 곱해도 40이 나오지는 않는다. 가장 큰 수라고 해 봐야 5와 5를 곱했을 때 나오는 25다. 카르다노는 이 문제를 어떻게 해결했을까.

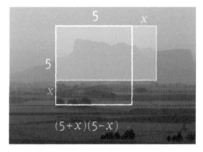 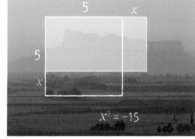

그는 하나의 가정에서 출발한다. 둘이 더해서 10을 만드는 자연수 5와 5를 가지고 다음과 같이 생각한 것이다. '만일 5를 조작해서 40이 되는 두 수의 곱을 만든다면?' 5에서 뭔가를 더하고, 늘어난 만큼 다시 5에서 빼면 두 개의 수를 얻을 수 있게 된다. 그 수들의 곱을 40으로 놓자는 것이다. 곧, $(5+x)(5-x)=40$이다. 이것을 계산하면 $x^2=-15$가 나온다. 대체 이건 뭔가. 제곱해서 음수가 되는 수? 고개를 갸웃거리며 카르다노가 억지로 답을 적는다. 5P:RM:15와 5M:RM:15.

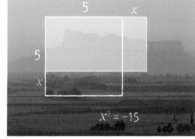

그리고 이렇게 덧붙인다.

"정신적인 고통을 무시하면, 이들 두 수를 곱했을 때 40이 되므로 확실하게 조건을 만족시킨다."

 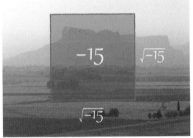

정신이 힘들었을 만큼 이상한 문제. 왜 고통스러웠을까. 넓이가 15인 정사각형 모양의 땅을 놓고 생각해 보자. 한 변의 길이는 $\sqrt{15}$다. 그런데 넓이가 -15인 땅을 본 일 있는가. 한 변의 길이가 $\sqrt{-15}$라고?

자연수는 자연을 닮았다. 그래서 이해하기가 쉬웠다. 처음에는 싫어했지만 세상은 음수도 받아들였다. 인도인이 말하는 "0에서 재산을 빼면 빚이다."라는 논리가 납득할 만했기 때문이다. 무리수는 어떤가. 그리스인이 진저리를 쳤음에도 자신들이 그린 도형 안에서 빤히 들여다보이는 수를 없앨수는 없었다. 그런데 허수는? 도무지 이해할 수 없는 수였다. 그런데도 카르다노는 머리를 싸매며 계산을 해 나간 것이다.

그가 답으로 적은 기호는 '5 더하기 -15의 제곱근', 그리고 '5 빼기 -15의 제곱근'이라는 뜻이다. $5+\sqrt{-15}$와 $5-\sqrt{-15}$. 이 둘을 곱하면 신기하게도 40이 된다. 거 참 미묘하다! 그래서 카르다노도 이렇게 말했나 보다.

"그러니 미묘한 산술 연산이 점점 더 발달해서, 끝에 가면 쓸모가 없어지지만, 또 그만큼 세련되었다."

쓸모없기는 한데 수학적으로는 미묘하고 세련되게 사용할 수 있는 수. 카르다노의 답에 있는 $\sqrt{-15}$ 안에 그것이 있다. $\sqrt{-15}=\sqrt{15}\times\sqrt{-1}$. $\sqrt{-1}$, 곧 i로 표시되는 이것을 세상은 '허수(虛數)'라고 불렀다. 그리고 상상의 수, 불가능한 수, 궤변적인 수, 불합리한 수 같은 이름으로도 불렀다. 이 부정적인 뉘앙스 속에는 허수를 처음 만난 인간들의 당혹스러움이 담겨 있다.

좌표를 알려 주는 마법의 수

가우스, 새로운 차원을 창조하다

허수가 발견되고, 사람들은 이 상상의 수를 이해하기 위해 노력했다. 물론 쉽지 않은 일이었다. 허수는 어디에 있는 것일까. 그것을 좀 더 쉽게, 직관적으로 이해할 수는 없을까. 우리는 앞서 보물을 찾으러 온 사내를 기억한다. 좌표를 잃어버리고 절망에 빠졌던 그가 떠올린 것도 허수였다.

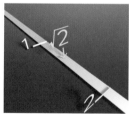

자연수가 있고, 그 사이에 분수가 있다. 히파수스가 찾은 $\sqrt{2}$, 무리수도 저 수직선 안에 무수히 존재한다. 그리고 중간에 0. 왼쪽으로 가면 음수의 세계다. 그렇다면 허수는? 앞서 등장한 보물 찾는 사내를 도와주려면 무엇보다 '어떻게 해야 허수를 찾을 수 있는가'가 관건이다. 그것을 알기 위해서는 카르다노가 처음 이 이상한 '상상의 수'를 발견한 뒤로도 300년을 기다려야 했지만 말이다. 허수의 위치를 알려 준 주인공이 살던 때는 19세기. 그를 만나려고 찾은 곳은 독일의 괴팅겐이다. 사람들의 뇌리에서 막연히 존재해 오던 괴물 같은 수가 '수학의 왕자'를 만난 곳.

200년 전 위 건물은 괴팅겐대학 내의 천문대였다. 카를 프리드리히 가우스가 여기로 초빙될 무렵 그는 이미 대단한 스타였다. 소행성 '세레스'가 나타날 시간을 정확하게 예측했던 덕분이었다는데, 세상을 뜬 지 150여 년이 흘렀어도 그의 인기는 여전한 듯하다. 1962년 창설된 가우스협회가 지금도 왕성히 활동 중이라고 한다. 대체 팬클럽을 가진 수학자가 몇이나 될까?

부임 후 가우스는 이 천문대에서 50년 동안 머물렀다. 괴팅겐대학의 사무엘 제임스 패터슨 교수가 우리를 안내한다. "이 천문대의 관장이었죠. 여기에 있는 망원경으로 하늘을 관찰했습니다. 저 망원경으로 작은 행성과 다른 유사한 것들을 관찰할 수 있었어요." 그를 유명하게 만든 별의 궤도 예측은 다분히 수학적 재능에 힘입은 것이다. 수학 역사의 3대 천재라는 별명답게 가우스는 역사상 가장 위대한 수학자 중의 한 명이었다.

카를 프리드리히 가우스

가난한 벽돌공의 아들이었던 그는 드물게도 수학적 창의력과 계산 능력을 겸비한 인물로 꼽힌다. 네 살 때 아버지가 벽돌공들의 임금 계산하는 것을 도와줬다는 에피소드를 비롯해 그를 빛내 주는 일화는 부지기수다. 하지만 우리는 지금 열아홉 살의 가우스를 만나려 한다. 그때 이 청년은 역사상 아무도 이루지 못한 일에 성공했다고 하는데, 다음은 워릭대학

수학과 이언 스튜어트 교수의 설명이다.

"가우스는 자와 컴퍼스만을 사용해 정십칠각형의 작도법을 알아냈어요. 그리스인들도 몰랐고 다른 그 누구도 가능하다고 생각하지 않았던 일이죠. 하지만 가우스가 이를 해냈고, 이것이 그를 수학으로 이끌었습니다."

자와 컴퍼스만으로 정사각형을 작도하기는 쉽다. 선을 그은 뒤 원을 그린다. 원과 선이 만나는 점에서 같은 반지름의 길이로 두 개의 호를 그린다. 호끼리 만나는 교점을 이으면 직교하는 선이 생기는데, 마지막으로 이들 네 개의 점을 이으면 네 변의 길이가 같은 정사각형이 된다.(오른쪽 상단 그림)

정삼각형, 정사각형, 정오각형도 이런 식으로 자와 컴퍼스만을 이용해 작도가 가능하다. 또 작도 가능한 도형들의 각을 두 배한 것도 그렇다. 정육각형, 정팔각형, 정십각형…… 다시 정십이각형, 정십육각형, 정이십각형으로 이어진다.

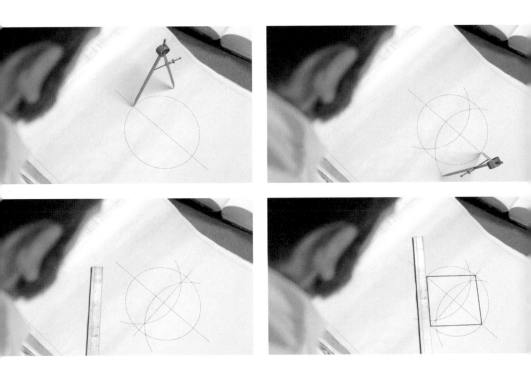

그런데 정십칠각형에 대해서는 오랫동안 방법을 알지 못했다. 각의 3등분이나 아폴론 신전의 제단 문제처럼 이것도 난제였다. '정십칠각형은 왜 작도가 안 되는 걸까?' 신중하고 인내심 많은 청년이 풀기에는 딱 좋은 문제였다. 고민하던 가우스는 마침내 하나의 방법을 생각해 냈는데 여기에서 그의 천재성이 드러난다. 작도 문제를 방정식 문제로 바꿔 버린 것이다.

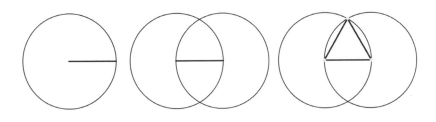

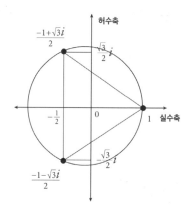

자와 컴퍼스로 정삼각형을 작도하려면 이전 쪽의 그림처럼 반지름의 길이가 같은 두 원의 중심과 교점을 이으면 된다. 그러나 가우스의 방식대로라면 이것은 $x^3 - 1 = 0$이라는 방정식의 해를 찾는 문제로 생각해야 한다. 이 방정식의 해는 반지름이 1인 단위원 위의 점이다.

$x^3 - 1 = 0$의 경우는 $(x-1)(x^2+x+1)$로 인수분해되며, 다음과 같은 해를 얻는다.

$$x = 1, \quad \frac{-1 + \sqrt{3}\,i}{2}, \quad \frac{-1 - \sqrt{3}\,i}{2}$$

이 3개의 해는 좌표평면 위에서 단위원을 정확히 3등분하는 위치에 놓인다. 이런 방식으로 가우스는 정십칠각형의 작도 가능성 문제를 파고들었다. 그는 직접 작도를 하는 대신 $x^{17} - 1 = 0$이라는 방정식을 놓고 고민했다. 그가 증명한 것은 '방정식이 어떤 조건을 가질 때 작도가 가능한가.'였다. 이에 따

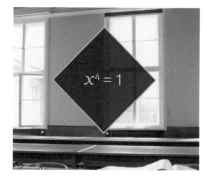

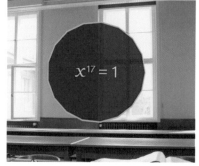

라 $x^{17}-1=0$으로 표현되는 정십칠각형은 자와 컴퍼스로 작도가 가능하다는 결론에 이른다. 스튜어트 교수가 그 비밀을 들려준다.

"알고 보니 17은 소수였고, 여기서 하나를 빼면 16이 됩니다. 2의 거듭 제곱수죠. 2×2×2×2 말이에요. 이제 자와 컴퍼스 작도법을 이용해 이 도형을 대수로 옮기면, 이것은 2차방정식을 푸는 문제였다는 걸 알게 됩니다."

17은 1과 16의 합이다. 16은 2를 네 번 곱한 것과 같다. $2^2=A$라고 하면 $2^4=A^2$이므로, 이런 식으로 치환해 가면 2의 제곱수를 차수로 가진 방정식은 결국 2차방정식이 된다. 그런데 기하학에서 1차는 직선, 2차는 원이 아닌가. 직선과 원은 자와 컴퍼스만으로 작도할 수가 있다. 가우스는 다음과 같은 결론을 내린다.

"$x^n-1=0$을 방정식으로 갖는 도형, 즉 정n각형이 있다. 이때 n이 2의 거듭제곱보다 1이 큰 '소수'라면, 그 도형은 자와 컴퍼스만으로 작도가 가능하다."

사람들은 방정식을 들여다보고 각의 3등분 문제와 아폴론 제단 문제도 모두 자와 컴퍼스만으로는 작도할 수 없음을 알게 됐다. 왜냐면 둘 다 3차 식으로 표현되기는 하나 $x^3-1=0$의 경우처럼 1차와 2차식으로 인수분해가 되지 않기 때문이다. 태어난 지 2000여 년이 지나서야 참으로 오랜 난제들이 해결됐다. 그런데 더 중요한 점은, $x^3-1=0$에서 구한 해 중에서 확인할 수 있듯이 이 문제가 괴물 같은 수인 '허수'를 드러냈다는 데 있다.

"허수를 상상의 수라고 부르지만 원래는 마법의 수라고 불렀습니다. 없는 것을 만들었죠. 그러나 사람들은 이에 적응하기 시작했고, 수학에 유용한 역할을 한다는 걸 알게 됐어요."

옥스퍼드대학 수학과 로저 펜로즈 석좌교수의 말이다. 허수가 유용하다고? 사실 감이 딱 오지는 않는다. 당신은 과연 i 개의 사과가 얼마나 많은지, i 그램의 소금은 얼마나 짠지, 또 i 걸음을 가면 어디에 닿을지를 알 수 있는가? 수는 실감할 수 있어야 받아들이는 법. 하지만 도무지 실감이 되지 않는다는 점이 허수를 이해하기 어렵게 만들었다. 양수와 음수 그리고 0. 허수는 어디에 있을까. 다시, 가우스의 상상력이 빛을 발할 시간이다.

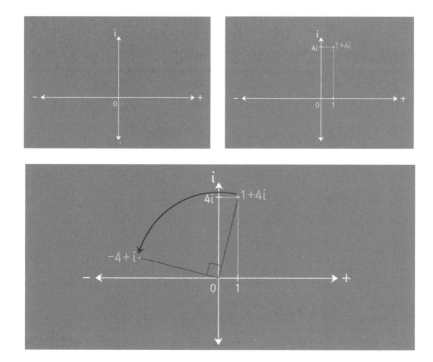

가우스가 바라본 곳은 수직선의 바깥이었다. 실수로 이뤄진 데카르트 평면을 벗어나 새로운 차원을 창조한 것이다. 사람들은 이것을 가우스 평면이라고 부른다. 우리는 여기에서 세상의 모든 수를 만날 수 있다.

이 평면 위에 아무 데나 한 점을 찍자. 1+4*i*. 실수와 허수로 이뤄진 복소수다. 가우스 평면에서는 더하기, 빼기, 곱하기 나누기도 가능하다. 1+4*i*에 *i*를 곱해 볼까. 원래의 자리에서 시계 반대 방향으로 90도 회전을 한다. *i*에 *i*를 곱하면 −1이 되므로 음수가 되는데, 수직선 위의 자연수에 −1을 곱하면 반대 방향(음수)으로 자리가 바뀌는 이치를 떠올려 보자.

보물을 찾다! 그런데 교수대는?

허수도 알았으니 이제는 정말 보물을 찾아야 한다. 어디 있다고 했더라? 사내가 다시 지도를 펼쳐 들었다. 교수대에서 떡갈나무로 걸어가다가, 오른쪽 직각으로 회전! 여기서 걸어온 만큼 더 가서 깃발을 꽂으라고 했다. 그리고 교수대로 돌아와 이번에는 소나무 쪽으로 가다가 왼쪽 직각으로 회전. 다시 걸어온 만큼 간 다음에 깃발 하나 더! '보물은 두 깃발 중간에 있어. 문제는 교수대가 없다는 거지만…… 현실에 없는 위치를 찾아야 하니 허수를 동원할 필요가 있지!'

사내가 이 섬을 평면으로 삼아 수직선을 긋는다. 소나무가 1, 떡갈나무

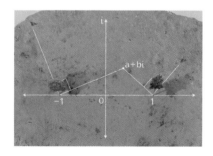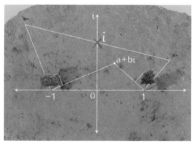

는 -1. 여기에 가우스 선생이 알려 준 허수축을 수직으로 또 그었다. 그런데 교수대는 어떻게 할까. '그까짓 거 아무 점 하나 찍어 놓고 있다고 치는 거지 뭐.'

사내가 지도에서 알려 준 대로 두 개의 깃발을 꽂는다. 그리고 두 깃발 사이의 한가운데를 찾아낸다. 어라, 여기는? 두 깃발을 표시하는 수를 더해 2로 나누니 i만 남았다.(자세한 내용은 부록 참조) 떡갈나무와 소나무의 한가운데에서 수직으로 한 걸음, i까지만 오면 그 고생을 할 필요도 없었던 거다. 어찌 됐든 사내는 진짜로 파헤쳐야 할 위치를 찾는 데 성공했다. 딱! 삽날 끝에 무언가가 부딪히는 소리가 들려온다.

사실 이 이야기는 빅뱅 우주론의 창시자 중 한 사람인 조지 가모가 지어 낸 것이라고 한다. 보이지 않는 수, 허수의 존재를 실감나게 전하고 싶어서 만들었다나.

이처럼 실재하지 않는 수인 허수가 이야기 속의 상황처럼 우리가 찾아가야 할 길을 알려 주는 경우는 많다. 그 길에는 전혀 상상해 보지 못한 세상이 우리를 기다리기도 한다. 현대과학에서 우주는 허수 없이 설명되지 않는다. 펜로즈 교수도 이 수를 이용해 우주의 최초를 설명하는 '특이점 이론'을 생각해 내지 않았던가. 그의 말을 듣고 있으면, 수학이 만물을 형용하는 언어, 마치 우주와 인간을 잇는 주파수 아닐까 싶기도 하다. 허수도 그 언어의 알파벳 가운데 하나이고 말이다.

다음은 펜로즈 교수의 말이다.

"왜 세상은 수학으로 이뤄져 있는 걸까요. 그리고 세상은 얼마만큼이나 수학으로 이루어져 있을까요? 세상은 수학의 언어로 쓰여 있습니다. 물리의 기본을 표현하려면 수학적 아이디어와 수학 개념, 수학 공식, 수학 이론을 사용해야 하죠. 세상의 근원에 대해 깊이 알고자 할 때, 우리는 수학 없이 어떤 것도 할 수 없습니다."

가우스로 인해 우리는 수의 가장 큰 영역으로 이끌렸다. 이제 물질의 법칙과 우주의 운동을 이해하는 일도 복소수의 차원에서 이뤄진다. 뿐만 아니라 이 영역에서는 모든 방정식의 답을 찾을 수도 있다.

동물 뼈에 새겨진 빗금에서 자연수가 나온 수만 년 전 수의 기원으로부터 출발한 우리의 여행은 이제 망망한 우주로 이어지는 중이다. 수의 여행은 복소수에서 끝이 날까? 아니면 전혀 다른 수가 또 우리를 기다리고 있을까. 알 수 없는 일이다. 우리는 그저, 새로운 지적 여정을 향해 앞으로 나아갈 수 있을 뿐 아니겠는가.

한 걸음 더
나아가기

이 책에 담긴 수의 세계에서 아름다운 원리들을 좀 더 알고 싶다면 한 걸음 더 내디뎌 보자. 그러나 약간의 수식이 부담스럽다면 걸음을 멈추자. 수학은 즐거워야 하니까 말이다. 조금만, 조금만 더 들어가 보고 싶은, 그런 이들을 위해 천천히 문을 연다. 이제 한 걸음 더!

Numbers

$\pi \;\; \infty \;\; x \;\; 0 \;\; i$

제1부 하늘의 수 π

Q 1. 중국인들은 구고현 정리를 어떻게 설명했을까?
Q 2. 히포크라테스의 초승달은 어떻게 증명됐나?
Q 3. 아르키메데스가 원주율을 구한 방법은?

1. 중국식 구고현 정리 풀이

본문에서는 그래픽을 이용해서 쉽게 이해할 수 있도록 했지만, 실제로 구고현 정리가 담긴 『주비산경』을 보면 다소 알쏭달쏭하다. 현대적인 풀이와 함께 보면 훨씬 이해가 빠를 듯하다. 『주비산경』에서는 구고현 정리를 이렇게 풀이한다.

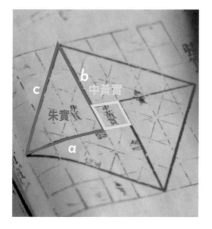

"밑변과 높이를 서로 곱함으로써 붉은색 칸(朱實) 둘을 얻는데, 그것을 두 배 하면 넷이 된다(可以句股相乘爲 朱實二, 倍之爲朱實四)."

밑변(구)을 a, 높이(고)를 b, 빗변 (현)을 c라고 놓자.

이때, 밑변과 높이의 곱인 직사각 형은 '붉은색 칸(朱實)'이라 불린 직각삼각형을 2개 만든다.

곧, $\frac{1}{2}ab \times 2 = ab$, 그런데 이것을 2배하면 $2ab$가 되니 직각삼각형(붉은색 칸)은 4개가 된다. 계속해서 상고의 설명을 들어 볼까.

"밑변과 높이의 차이를 제곱하면 가운데 노란색 칸(中黃實)이 된다. 차이의 칸 1을 더해도 역시 빗변의 양이 된다(以句股之差自相乘, 爲中黃實, 加差實一, 亦 成弦實)."

밑변과 높이의 차이를 제곱하면 $(b-a)^2$이다. 이것이 '노란색 칸(中黃實)' 이라고 한다. 그 차이의 칸이 1이라고 하는데 왜일까? 위의 그림에서 밑변 a는 3칸, 높이 b는 4칸이니 당연히 그 차이는 1이다. 이때의 1은 노란색 칸, 곧 한 변이 1인 정사각형의 넓이를 가리킨다.

앞에서 상고는 붉은색 칸 4개를 말했고, 이번에는 거기에 차이의 칸 1을 더해도 빗변의 칸이 된다고 말했다.

붉은색 칸 4개: $2ab$

밑변과 높이의 차이의 칸: $1^2 = (b-a)^2$

이 둘을 더하면,

$$2ab + (b-a)^2 = 2ab + b^2 - 2ab + a^2 = a^2 + b^2$$

이것이 빗변의 칸(c^2)과 같다고 했으니

$$a^2 + b^2 = c^2$$

이것이 피타고라스 정리의 중국식 버전이다.

2. 히포크라테스의 초승달 증명

우리는 히포크라테스의 초승달을 기억한다. 아낙사고라스가 처음 제기한 원적문제에 희망의 빛을 던져 준 그 증명 말이다. 어떻게? '직선으로 곡선의 넓이를 구할 수 있다.'는 것을 보여 줌으로써였다. 그 출발점은 '탈레스의 정리'라 부르는 것에서 시작된다.

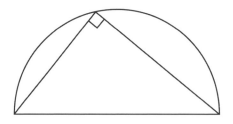

"지름의 원주각은 모두 직각이다."

여기 반원이 하나 있다. 반원이니까 이것을 가로지르는 선분은 지름이다. 그리고 원주 위에 아무 점이나 하나를 찍어 보자. 바로 이 점과 지름의 양 끝을 연결해서 만드는 각을 원주각이라 하는데, 이것이 언제나 직각이라는 것이다.

이제 저 반원을 아래로 내리고(S1), 직각삼각형의 다른 두 변을 각각 지름 으로 하는 또 다른 반원들(S2, S3)을 만들자.

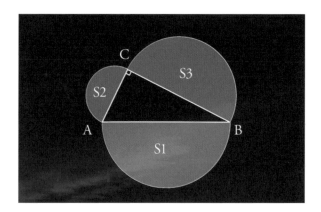

여기에서 한 가지의 정리를 더 기억할 필요가 있다. "모든 원은 닮음꼴이다."라는 것. 당연히 모든 반원도 닮음꼴이다. 그렇다면 다음과 같은 결론을 끌어낼 수 있다.

"세 반원의 넓이의 비는 각각의 지름의 제곱의 비와 같다."

이 말이 뜻하는 것은?

$$S1:S2:S3=\overline{AB}^2:\overline{AC}^2:\overline{BC}^2$$

세 지름은 직각삼각형의 세 변이므로 자연스럽게

$$\overline{AB}^2=\overline{BC}^2+\overline{AC}^2$$

피타고라스 정리가 성립하게 된다.

따라서, 반원 사이의 넓이도 S1 = S2+S3의 관계가 성립한다.

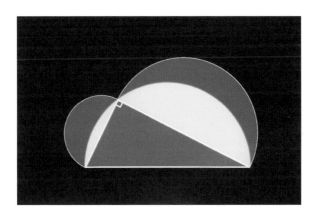

이제 가장 큰 반원 S1을 위쪽으로 올리면 반원 S2, S3와 겹치는 영역이 생긴다.

S1=S2+S3이므로 직각삼각형 이외의 겹치는 영역을 제외하면

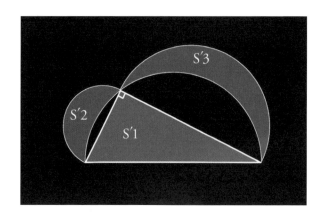

S′1=S′2+S′3가 된다. 이로써 저 직각삼각형의 넓이는 두 초승달 모양 넓이의 합과 같다. 직선으로 이뤄진 도형으로 곡선의 넓이를 알아낸 것이다!

3. 아르키메데스의 원주율 계산

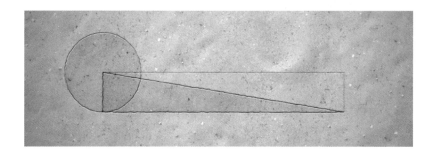

"원의 넓이는, 밑변이 원둘레와 같고 높이가 반지름과 같은 직각삼각형의 넓이와 같다."

아르키메데스의 주장이 기억나는가? 우리는 그가 이런 발상에서 원둘레 구하기를 시작했다고 알고 있다. 그러니까 저 각각의 '호' 부분의 길이를 계산하면 원둘레를 알 수 있게 되는 것이다. 어떻게 접근해 나갔을까.

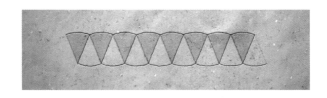

방법은 간단하지만, 놀랍기도 하다. 그는 아래 그림처럼 반지름이 1인 원을 그리고 여기에 내접하는 정육각형과 외접하는 정육각형을 그렸다.

먼저 내접한 정육각형의 둘레를 구해 보자. 뭐, 구하고 말 것도 없다. 내접한 정육각형은 정삼각형 6개로 이뤄진다. 이 정삼각형의 한 변의 길이는 1이다. 반지름과 같지 않은가. 그러니까 내접한 정육각형의 둘레는 6이다.

이제 외접한 정육각형의 둘레를 구해 볼까? 일단, $\triangle AOB$와 $\triangle DOE$가 '세 각이 같은 닮은꼴' 삼각형이라는 점을 이용한다.

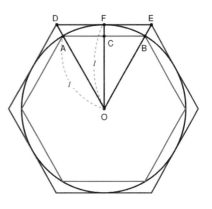

$$\overline{OA}^2 = \overline{AC}^2 + \overline{OC}^2 \text{ (피타고라스 정리)}$$

$1^2 = \left(\dfrac{1}{2}\right)^2 + \overline{OC}^2$ 이므로

$\overline{OC}^2 = \dfrac{3}{4}$, 따라서 $\overline{OC} = \dfrac{\sqrt{3}}{2}$

마찬가지로, $\triangle AOB$와 $\triangle DOE$ 가 닮은꼴임을 이용하면

$$\overline{OC} : \overline{OF} = \overline{AB} : \overline{DE}$$

$$\dfrac{\sqrt{3}}{2} : 1 = 1 : \overline{DE}$$

$$\overline{DE} \times \dfrac{\sqrt{3}}{2} = 1 \times 1$$

정삼각형 한 변의 길이 $\overline{DE}$는 $\dfrac{2}{\sqrt{3}}$다.

따라서 외접 정육각형의 둘레는

$$\overline{DE} \times 6 = \dfrac{2}{\sqrt{3}} \times 6 = \dfrac{12}{\sqrt{3}}$$

12는 $(\sqrt{3})^2 \times 4$이므로 약분하면

$(\sqrt{3}) \times 4 = 1.732\cdots\cdots \times 4 = 6.928203\cdots\cdots$이다.

내접한 정육각형의 둘레는 6이고,

이것을 원의 지름 2로 나누면 3이다.

외접한 정육각형의 둘레는 $6.928203\cdots\cdots$이고,

이것을 원의 지름 2로 나누면 3.464(근삿값)다.

따라서, 원주율은 다음 두 수 사이에 있다.

$$3 \langle \pi \langle 3.464$$

만일 원에 내·외접하는 도형의 변의 수를 2배로 하면 더욱 정밀한 값을 얻게 될 것이다. 옆은 원에 내접하는 정십이각형과 외접하는 정십이각형 일부의 그림이다. 빨간 선은 내접하는 정육각형의 한 변. 관심 있는 사람이라면 한번 풀어 봄이 어떨까. 핵심은 역시 피타고라스 정리다.

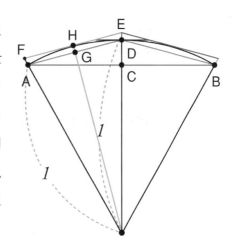

제2부 천국의 사다리 ∞

Q 1. 갈릴레오의 무한이 더 알고 싶은가?

Q 2. 칸토어가 '무한에도 등급이 있다.'고 한 것은 무슨 뜻인가?

1. 원과 육각형 바퀴에 담긴 비밀

우리는 이미 갈릴레오가 원과 다각형 바퀴를 굴려서 해 본 실험을 보았다. 어떻게 크기가 다른 두 원이 똑같은 길이의 궤적을 그릴 수 있을까. 갈릴레오는 그 이유를 작은 원이 '무한히 점프해서' 큰 원의 궤적과 같아지는 것이라고 설명했다.

그런데, 사실 여기에는 숨은 비밀이 하나 있다. 작은 원만 점프를 할까? 먼저, 아래의 육각형 바퀴를 보자. 크기가 작은 육각형 바퀴를 따로 굴리면 이처럼 한 바퀴 회전하는 궤적이 확연히 다르다.

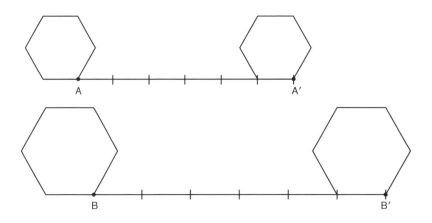

둘을 한꺼번에 굴리면, 같아 보이기는 하지만 사실 이동한 거리는 각각 다르다.

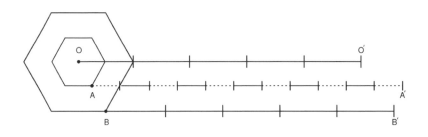

큰 육각형이 한 바퀴 돌 때까지 작은 육각형이 점프해서 나아간 거리가 달라지는 것이다. 작은 바퀴가 점프한 자리, 갈릴레오는 저것을 '진공'이라 불렀다. 그런데 왜 크기가 다른 두 원을 함께 굴리면 궤적이 같아질까? 갈릴레오는 그 이유에 대해 다음과 같은 설명을 한다.

"유한 연속체는 무한히 많고 정량화할 수 없는 분할 불가능자들로 구성된다."

어렵게 생각하지 말자. 여기서의 '유한 연속체'란 현실 속의 사물이다. '분할 불가능자'라는 낱말도 '원자(原子)'를 가리키는 중세시대 용어일 뿐이다. 여기에서 갈릴레오는 이 원자의 특성을 두 가지로 든다.

첫째, 무한히 많다.
둘째, 정량화할 수 없다. 곧 양적으로 측정할 수 없다.

무한히 많고, 양적으로 측정할 수 없고, 더 이상 쪼갤 수 없는(분할 불가능한) 것이 뭘까? 기하학에서 보자면 더 이상 쪼갤 수 없는 '점'이 아닌가! 만일 점이 양적인 단위였다면 무한히 많아질수록 물체는 팽창하고 폭발해 버렸을지도 모른다. 하지만 정량화할 수 없는 단위라서 점은 하나의 선분 안에 무한히 존재하며, 그 안에서 서로 겹칠 수도 있다. 그렇다면 물체는 어찌해서 팽창하게 되는가.

답은 간단하다. 앞선 도형 굴리기 실험에서 우리는 진공을 본 바 있다. 이처럼 원둘레를 이루는 무한한 점 사이에 무한한 진공이 끼어들면서 팽창을 불러일으키는 것이다. 물체가 수축하는 이유도 간단하다. 겹치기 때문이다.

갈릴레오의 설명에 따르면, 크기가 다른 두 원을 함께 굴렸을 때 작은 원은 '무한 번'에 걸쳐 '무한히 짧은 거리'를 건너뛴다. 그는 이것을 '팽창'이라 불렀다. 반면에 큰 원은 '수축'한다. "큰 원둘레의 무한히 많은 점들이, 무한 번에 걸쳐 무한히 짧게 후퇴하면서 굴러간다."는 것이다. 작은 원은 팽창하고 큰 원은 수축함으로써 두 원의 궤적은 같아진다는 논리였다. 물론 '전체는 부분보다 크다.'는 그리스적 세계관을 신봉하는 심플리치오는 여전히 갸우뚱하고 있지만.

"그렇다면 살비아티, 당신은 지금 점과 선분이 같다고 얘기하는 것인가?"

우리는 심플리치오가 왜 그런 의심을 품었는지 이해한다. 두 원이 굴러간 궤적이 같다는 것은 그렇다 쳐도, 어떻게 선도 아닌 점이 두 원의 궤적과 같아질 수 있다는 것인가. 점은 쪼갤 수 없는 것이고, 부피나 길이도 없는 것인데, 그것이 선과 같아진다? 갈릴레오는 이것도 실험으로 보여 주었다.

그가 그린 도형에는 삼각형, 반원, 직사각형이 겹쳐 있다. 이들을 가로 방향으로 (CF를 축으로 하여) 360도 회전시켜 보자. 단면의 지름이 같은 원뿔, 반구, 원기둥이 각각 만들어질 것이다.

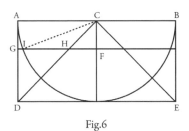

Fig.6

이때 $\overline{FG}^2 = \overline{CA}^2 = \overline{CI}^2 = \overline{IF}^2 + \overline{FC}^2$ $= \overline{IF}^2 + \overline{FH}^2$이므로 원기둥의 단면 넓이는 반구의 단면과 원뿔의 단면의 넓이의 합과 같다.

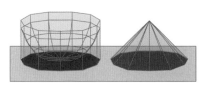

그러므로 반구를 제외한 원기둥의 나머지 부분과 원뿔 단면의 면적은 같다.(오른쪽 그림 검정 채색 부분) 계속해서 맨 위를 향할수록 포개 놓은 단면은 점점 더 가늘어져서 선이 된다. 이때 원뿔은? 꼭짓점을 향해 가므로 당연히 점이 되는

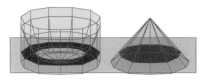

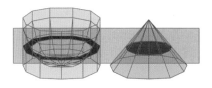

것이다. 이로써 점과 선은, 넓이가 같다!

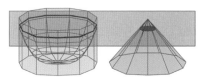

2. 칸토어, 무한에도 등급이 있다!

본문에서는 자연수의 짝수, 홀수, 분수를 자연수와 일대일 대응해 보았다. 이처럼 '순서를 매길 수 있는 집합'을 가리켜 '가부번집합(可附番集合)'이라고 부른다.(반대의 경우는 '비가부번집합') 순서를 매길 수 있어야 자연수와 일대일 대응을 할 수 있다. 또, 그래야만 그 집합의 크기를 알 수가 있다. 집합의 크기, 곧 '원소의 개수를 계산할 수 있게 된 것'이다. 이것이 가능하면 가산집합(可算集合)이다. 아니면 불가산집합. 그렇다면 '가부번집합은 가산집합이 되기 위한 전제조건'이라 할 수 있겠다.

그런데 음수가 들어간 집합도 자연수와 일대일 대응이 가능한가? 정수의 경우는 어떨까.

(자연수)	1	2	3	4	5	6	7	……
	⇕	⇕	⇕	⇕	⇕	⇕	⇕	
(정수)	0	1	-1	2	-2	3	-3	……

된다! 이때 자연수와 대응하는 정수의 순서를 기하학으로 표현하면 다음과 같이 나선형으로 퍼져나가는 모습이다.

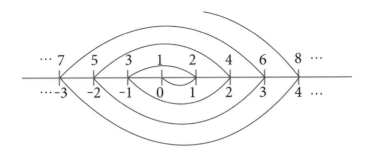

그렇다면 음수가 들어간 분수, 곧 유리수도 자연수와 일대일 대응이 될까. 조금 복잡하지만 이것도 가능하다. $0(\frac{0}{1})$에서 시작해 'U' 자를 점점 확장시키는 형태로 유리수 모두를 다 나열할 수 있는 것이다. 순서대로 나열할 수 있으니 자연수와도 당연히 일대일 대응을 이룰 수 있다.

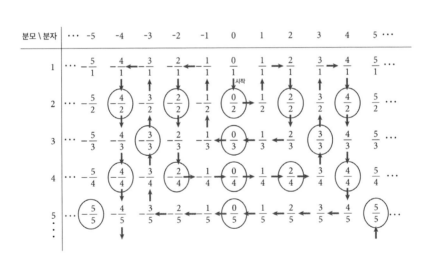

동그라미 표시 부분은 중복되는 수이므로 건너뛰어야 할 곳이다. 예를 들어 $-\frac{1}{2}$과 $-\frac{2}{4}$는 같은 수이므로 최초의 수만 한 번 대응시키고, 비례가 같은 수가 뒤에 또 나올 때마다 건너뛰면 된다는 것이다. 이 순서대로 자연수와 일대일 대응을 시키면 유리수 전체도 가산집합임을 알 수 있다.

(자연수)	1	2	3	4	5	6	7	8	……
	$\Updownarrow$	$\Updownarrow$	$\Updownarrow$	$\Updownarrow$	$\Updownarrow$	$\Updownarrow$	$\Updownarrow$	$\Updownarrow$	
(유리수)	$\dfrac{0}{1}$	$\dfrac{1}{2}$	$\dfrac{1}{1}$	$\dfrac{2}{1}$	$\dfrac{2}{3}$	$\dfrac{1}{3}$	$-\dfrac{1}{3}$	$-\dfrac{1}{2}$	……

마침내 자연수, 정수, 유리수는 모두가 똑같이 '셀 수 있는 무한'들이며, 크기가 같은 무한집합이라는 것이 밝혀졌다. '칸토어의 무한'에서 '자연수⊂정수⊂유리수'라는 법칙은 성립하지 않는다. '전체는 부분보다 크다.'는 공리가 무너진 것이다.

'무한은 모두 똑같다.'

이때까지 사람들은 그렇게 생각했다. 그러나 칸토어는 또 다른 무한이 존재함을 알고 있었다. 그가 주목한 건 실수(實數)의 집합이었다. 유리수, 무리수 모두를 포함하는 실수는 정수와 유리수처럼 무한히 많다. 그렇다면 실수도 자연수와 일일이 대응할 수 있을까.

실수도 순서대로 셀 수만 있으면 자연수와 일대일 대응을 할 수가 있다. 그러므로 실수가 가부번집합이냐 아니냐를 밝히는 것이 관건인 셈이다. 그는 우선 실수 중에서 0과 1 사이의 수를 순서대로 세 보았다. 칸토어의 증명을 조금 쉽게 풀어 보자.

먼저 0과 1 사이에 실수들을 차례로 나열한 목록을 하나 생각해 보자.

실수들은 소수로 표현될 수 있다.

그렇다면 0과 1 사이에 오는 실수 r_1, r_2, r_3, r_4……들은 예를 들어 이렇게 쓸 수가 있다.

$r_1 = 0.1\underline{3}457235\cdots\cdots$

$r_2 = 0.25\underline{4}78911\cdots\cdots$

$r_3 = 0.30\underline{7}61139\cdots\cdots$

$r_4 = 0.488\underline{5}5431\cdots\cdots$

$\vdots$

이제 여기에 없는 수를 찾게 되면 실수의 집합에 순서를 매길 수 없다는 것을 알게 된다. 위의 목록에서 새로운 수를 만들어 보자. 방법은 r_1, r_2, r_3, r_4…… 각 실수들의 밑줄 친 부분, 다시 말해서,

r_1의 소수점 아래 첫 번째 자리

r_2의 소수점 아래 두 번째 자리

r_3의 소수점 아래 세 번째 자리

r_4의 소수점 아래 네 번째 자리

$\vdots$

이런 식으로 각 자리의 수를 조합해 새로운 수를 만드는 것이다. 이것을 r이라 하면, $r = 0.1575\cdots\cdots$가 된다. 마지막으로, 새롭게 취한 r의 소수점 아래 각 자리의 수들에 1씩 더해 보자. $0.2686\cdots\cdots$.(소수점 아래 9가 있으면 1을 뺀다.)

이 수는 과연 원래의 실수 목록에 있었을까. 아니, 없었다. 새로이 만들어진 수는 목록에 있는 각각의 특정한 자리와 1만큼 다르기 때문에 기존 목록의 수들과 달라진다. 그러므로 어떤 배열에도 빠져 있는 수가 항상 있다. '실수는 자연수와 일대일 대응이 불가능하다.'는 사실을 확인했다는 얘기다.

실수가 불가산집합이라는 사실은 우리에게 '무한에는 셀 수 있는 것도 있고, 없는 것도 있음'을 말해 준다. 하나하나 떨어져 있어야 셀 수가 있다. 그런데 실수는 그럴 수가 없다. 칸토어가 실수를 '연속체'라 부른 이유가 여기에 있다.

제3부 자유의 수 x

Q 1. x 이전에는 어떤 미지수들이 있었을까?
Q 2. 기하학으로 방정식을 푸는 방법은?
Q 3. 정규부분군이란 무엇인가?

1. 디오판토스, 미지수를 기호로 쓴 최초의 인간

방정식은 미지수를 밝혀내는 일종의 지적 게임이다. 고대 중국인들도 방정식을 썼지만 『구장산술』에는 미지수를 가리키는 표현이 없다. 17세기 데카르트에 의해 x라는 이름을 갖기 전에도 여러 문명에서는 미지수를 가리키는 표현이 있었다. 가령, 고대 이집트의 아메스 파피루스 26번 문제처럼 말이다. "어떤 아하에 그 아하의 4분의 1을 더한 값이 15일 때 아하는 무엇인가?"

여기서 멀지 않은 메소포타미아에서도 물론 미지수 찾기가 있었다. 단단한 점토판에 새겨진 쐐기문자에서 그들이 '아직 드러나지 않은 답'을 가리키던 호칭을 확인할 수 있다. 바로 '우스'와 '사그' 그리고 '아사'다. 우스는 길이, 사그는 폭, 아사는 넓이에 해당하는 미지수의 이름이었다.

그로부터 약 2000년이 지나면 중세 이슬람 수학에서 또 다른 표현을 만날 수 있다. 알콰리즈미는 오늘날의 x를 '샤이Shay'로, x^2은 '부(富)나 재산'을 의미하는 '말Mal'로 표시했으며, 다항식의 '근(또는 뿌리)'을 별도로 '지브르Jibhr'라 일컬었다. 그런데 미지수의 발전사를 이야기하는 자리에서 결코 빼먹으면 안 될 이름이 있다. 여기, 그의 이름이 적혀 있다.

사랑하는 묘에

디오판토스여 잠드소서

위대한 사람이여!

생애의 6분의 1을 어린아이로 보내고

12분의 1 세월 뒤에는 볼 전체에 수염이 가득했으며

다시 7분의 1이 지난 뒤 아름다운 여인을 맞아 화촉을 밝혔지요

결혼 후 5년이 지나 귀한 아들을 얻었습니다.

아! 그러나 불쌍한 자식이여

그 가여운 아들은 아비의 삶에 비해 반밖에 살지 못했으니!

아버지, 디오판토스는 그 비극의 4년 뒤 생애를 마쳤다오.

이것은 고대 알렉산드리아에서 활약한 그리스 수학자, 디오판토스의 비명(碑銘)이다. 비명에 적힌 대로 계산을 해 보자면,

$$\frac{1}{6}x + \frac{1}{12}x + \frac{1}{7}x + 5 + \frac{1}{2}x + 4 = x$$

답은 84. 꽤나 장수한 편에 속한다. '방정식의 아버지'라고 불리는 디오판토스를 기리며 사람들은 그의 묘비에 방정식 문제를 새겨 놓았다. 이언 스튜어트 교수도 그를 가리켜 '방정식의 꼴을 갖추는 데 기초공사를 한 사람'이라고 말한 바 있다. 왜 그럴까. 그가 미지수를 역사상 최초로 문자로써 표현한 인물이었기 때문이다. 그 기록이 디오판토스의 저작 『정수론Arithmetica』에 남아 전해진다.

$$K^Y \overline{\alpha \zeta \iota} \, \pitchfork \, \Delta^Y \overline{\beta} \, \dot{M} \overline{\alpha} \, \acute{\iota} \sigma \dot{M} \overline{\epsilon}$$

조금 복잡해 보이기는 한다. 그러나 당시로서는 아주 정교한 발명품이었다. 책머리에 실린 뜻풀이에 따라 의미를 해석해 보면 다음과 같다.

K^Y	미지수를 세제곱하라
Δ^Y	미지수를 제곱하라
$\dot{M}$	0제곱
ζ(시그마)	미지수(이 책에서 미지수는 이것뿐이다.)
계수들	바Bar를 씌운 그리스어 알파벳 α(알파), β(베타), ε(엡실론),

ι(이오타) (각각 계수 1, 2, 5, 10을 표현)

$\overset{\iota}{\text{ι}}\sigma$ 오늘날의 등호(=)

그리고 뒤집힌 삼지창 모양(ᛘ)은 빼기(−)를 의미하는 기호다. 이제 ς를 현대의 x로 바꾸고 기호순으로 정리하면 이렇다.

$(x^3 \times 1)+(x \times 10)-[(x^2 \times 2)+(x^0 \times 1)]=5$

내림차순으로 다시 정리하면,

$x^3-2x^2+10x-1=5$

부분적이긴 했지만, 디오판토스는 이런 기호들을 이용해서 2차방정식도 풀 수 있었다. 그러나 미지수의 차수가 하나씩 올라가는 것은 하나의 차원을 올라가는 것처럼 어려운 일이었다. 유럽 수학은 디오판토스 이후 거의 1000년 동안 앞으로 나아가지 못했다고 한다.

2. 오마르 카이얌의 3차방정식 풀이

이슬람 수학에서 알콰리즈미가 상대한 세계는 2차원까지였다. 그의 2차방정식 비법을 터득한 카이얌은 3차원으로 올라섰다. 그곳은 직선과 원의 범위를 넘어서는 원추곡선의 세계였다.

1) 평면이 원뿔의 밑면과 평행하면 원

2) 평면이 원뿔의 측선과 평행이면 포물선

3) 평면이 원뿔의 밑면에 비스듬하면 타원

4) 평면이 원뿔의 밑면과 가파르게 비스듬하면 쌍곡선

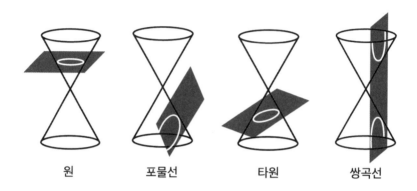

| 원 | 포물선 | 타원 | 쌍곡선 |

원과 포물선, 타원과 쌍곡선. 그리스인들도 이것들을 가지고 3차방정식을 풀 수 있다고 생각은 했다. 그러나 카이얌처럼 집중하지는 않았다. 그는 이 입체도형들을 이용해 대수적인 방식이 아닌 기하학으로 3차방정식의 세계에 진입한다. 어떤 방식이었을까. 그가 분류한 14가지 3차방정식 유형 가운데 한 경우를 가지고 살펴보자. $x^3 + b^2 x + a^3 = cx^2$이다.

이것을 푸는 현대적 원리는 다음과 같다.

포물선 $x^2 = 2py$를 대입해서 처음의 식을 변환한다.

$2pxy + b^2 x + a^3 = 2pcy$, 쌍곡선을 나타내는 방정식으로 바뀌었다.

이제 포물선 $x^2 = 2py$와 쌍곡선 $2pxy + b^2 x + a^3 = 2pcy$를 좌표평면 위에 그리면 교점의 x좌표가 바로 방정식의 해다.

이번에는 오마르 카이얌의 기하학적 해법을 알아보자.

그는 계수 a, b, c와 미지수 x를 모두 선분으로 생각했다. 그렇다면 방정식에서 주어진 관계를 만족하는 어떤 선분이 있을 터. 그것이 x였다. 카이얌은 작도에 앞서 먼저 하나의 비례식을 세운 후 이를 만족하는 m을 작도했다.

$$b : \frac{a^2}{b} = a : m$$

이 비례식은 다음 그림과 같이 두 직사각형이 닮음이라는 뜻이다. (길이 $\frac{a^2}{b}$도 $a \times b$ 직사각형으로부터 작도하기가 쉽다.)

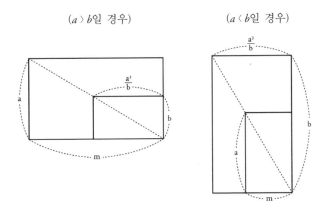

($a > b$일 경우)   ($a < b$일 경우)

현대적으로 위 식은 $m = \frac{a^3}{b^2}$ 을 뜻한다.

이제는 작도에 들어가는데 그 순서는 다음과 같다.

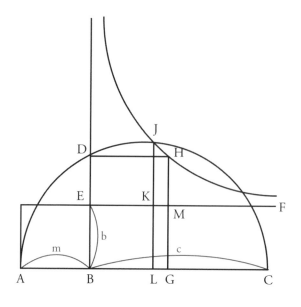

① 선분 AB＝m, 선분 BC＝c가 되도록 선분 AC를 그리고

② AC를 지름으로 하는 반원을 그린다.

③ AC와 수직이 되는 BD를 그린 후

④ BE＝b가 되는 점 E를 표시!

⑤ 이어 BC와 평행이 되는 EF를 그린다.

⑥ 다음으로 ED:BE＝AB:BG가 되도록 선분 BG를 그리면

⑦ 직사각형 DBGH를 작도할 수 있다.

⑧ 이제는 H를 지나면서 EF와 ED를 점근선으로 갖는 직각 쌍곡선을 그
릴 수 있게 된다.

⑨ J는 쌍곡선과 반원이 만나는 점. 이제 DE와 평행하게 선분 JL을 작도한
후 JL과 EF가 만나는 점을 K, GH와 EF가 만나는 점을 M으로 둔다.

이제 x=BL임을 증명한다.

1) 점 J와 H는 모두 쌍곡선 위에 있다. 게다가 점 E를 중심으로 하는 직각쌍곡선이다. 직각쌍곡선의 식은 xy=P(상수)다. 그러므로 E가 원점인 좌표축을 점근선으로 하는 직각쌍곡선 위의 어떤 점도 x와 y를 곱한 결과는 항상 같아야 한다. 이것을 점 J와 H에 적용하면 다음과 같은 식을 얻게 된다.

$(EK) \times (KJ) = (EM) \times (MH)$……①

2) 작도할 때 우리는

선분 $ED:BE=AB:BG$를 만족시킨 바 있다.

$(BG) \times (ED) = (BE) \times (AB)$……②

3) 제시된 도형에서 $(EM) \times (MH)$는 $(BG) \times (ED)$와 같다는 것을 확인할 수 있다.

이제 ①과 ②에 의해,

$(EK) \times (KJ) = (EM) \times (MH) = (BG) \times (ED) = (BE) \times (AB)$……③

4) 이번에는 $(BL) \times (LJ)$를 구해 보자. 도형을 보면 다음과 같은 관계가 성립한다.

선분 $BL=EK$

선분 $LJ=BE+KJ$, 따라서

$(BL) \times (LJ) = (EK) \times (BE+KJ) = (EK) \times (BE) + (EK) \times (KJ)$……④

여기에서 ③의 결론을 ④에 대입하면

$$(BL)\times(LJ)=(EK)\times(BE)+(AB)\times(BE)=(BE)\times(EK+AB)$$

그런데 도형에서 $(EK+AB)=(AL)$이므로

$$(BL)\times(LJ)=(BE)\times(AL),\ 이로써$$

$$(BL)^2\times(LJ)^2=(BE)^2\times(AL)^2\cdots\cdots\text{⑤}$$

5) '반원의 원주각은 직각'이라는 탈레스의 정리에 따라 삼각형 AJC는 각 J를 직각으로 하게 된다. 이에 피타고라스 정리를 적용해서 다음과 같은 식을 얻을 수 있다.

$$(AJ)^2+(JC)^2=(AC)^2\cdots\cdots\text{⑥}$$

또한, 직각삼각형 ALJ와 JLC에도 같은 정리를 적용해서

$$(AJ)^2=(AL)^2+(LJ)^2$$

$$(JC)^2=(LC)^2+(LJ)^2$$

이 2개의 식을 ⑥에 대입하면

$$(AL)^2+(LJ)^2+(LC)^2+(LJ)^2=(AC)^2$$

그런데, 작도한 도형을 보면 선분 $AC=AL+LC$임을 알 수 있으므로 식은 다시 정리된다.

$$(AL)^2+(LJ)^2+(LC)^2+(LJ)^2=(AL+LC)^2$$

이것을 풀면 $(LJ)^2=(AL)\times(LC)\cdots\cdots\text{⑦}$

6) 이제 ⑤에 ⑦을 대입하면

$$(BL)^2\times(AL)\times(LC)=(BE)^2\times(AL)^2$$이므로 약분하면

$$(BL)^2\times(LC)=(BE)^2\times(AL)$$

여기에서 작도한 도형을 보면 선분 LC와 AL의 길이는,

$(AL)=(AB+BL)$, $(LC)=(BC-BL)$이다.

이를 앞의 식에 대입하면,

$(BL)^2 \times (BC-BL)=(BE)^2 \times (AB+BL) \cdots\cdots ⑧$

7) 도형에서 선분 $BE=b$, $BC=c$이고, 최초의 비례식을 적용하면 $AB=m=\dfrac{a^3}{b^2}$이다.

이를 ⑧에 대입하면

$(BL)^2 (c-BL)=b^2 (BL+\dfrac{a^3}{b^2})$

곧, $(BL)^3 + b^2 (BL) + a^3 = c(BL)^2$

드디어 답이 나왔다!

이 결론을 최초의 문제 $x^3 + b^2 x + a^3 = cx^2$과 비교해 보라.

$\therefore x=BL$

결국, 우리가 찾는 3차방정식의 근은 선분 BL이었다는 얘기다.

3. 갈루아 군(群)이론의 핵심, 정규부분군

우리는 3차다항식의 세 근을 α, β, γ로 두고 그것들을 삼각형의 대칭으로 치환한 결과 하나의 군을 얻을 수 있었다. 그런데 군(群, Group)이란 무엇일까. 무엇이든 모아 놓기만 하면 군이 되나? 아니다. 군이 되려면 4가지 조건이 필요하다.

1. 집합 안의 두 원소가 결합할 경우 어떤 경우라도 그 연산 결과가 집합 안에 속할 것

2. 집합 안의 세 원소를 결합할 때 $A*(B*C)=(A*B)*C$라는 결합법칙을 만족할 것

3. $A*E=E*A=A$, 곧 서로 결합해서 항상 A 자신이 나오게 하는 항등원 E 가 존재할 것

4. $A*X=X*A=E$, 곧 서로 결합해서 항등원이 나오게 하는 역원 X가 존재할 것

우리가 만난 군은 모두 이 조건들을 만족한다. 군 안의 6개 원소들은 어떤 원소를 만나 연산을 하든 그 결과가 군에 속하는 것이다. 이를 연산에

대해 '닫혀 있다'고 말한다. 다음은 결합법칙의 사례다.

$$\triangle * [\ \triangle * \triangle\ ] = [\ \triangle * \triangle\ ] * \triangle$$

두 식을 연산한 결과는 아래와 같다.

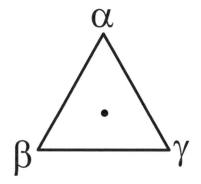

저 군표 안의 어떤 원소들로 연산을 하더라도 이처럼 결합법칙을 만족시킨다.

그렇다면 세 번째 조건인 항등원은? 방금 본 원소다. 저것은 집합 안의 어떤 원소와 만나도 항상 상대방을 '그대로 있게' 한다. 덧셈의 1+0=1에서 0과 같은 역할이다.

끝으로 '역원'의 존재를 살펴보자. 연산에서 '항등원을 만드는 두 수'를 서로의 역원이라 한다. 이 군에서는 과연 어떤 원소들이 항등원을 만드는가. 다음의 그림에서 표시된 것이 항등원이고, 이때 좌변과 상단의 원소들이 바로 서로의 역원들이다. 표에서 보듯 항등원은 그 자신의 역원이기도 하다.

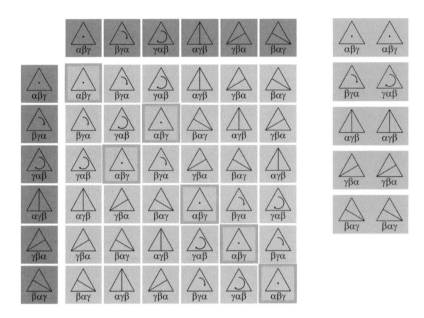

이렇게 해서 군이 만들어지기 위한 조건들을 살폈다. 이번에는 부분군, 곧 '군 안의 군'을 만날 순서다.

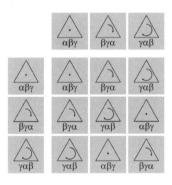

'군'이라는 이름이 붙었으니 부분군 또한 군의 4가지 성립조건을 만족시켜야 한다. 위 그림은 원소를 3개로 하는 부분군이니 '3차 부분군'이라고

부른다.(이때 부분군의 모태가 되는 최초의 군을 '어미군'이라 한다.) 다음은 '제 3차 부분군'의 원소들이다.

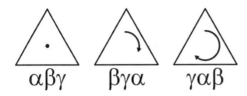

그렇다면 부분군이 3차만 있는 것일까. 아래의 경우처럼 원소가 2개로 이뤄지는 2차 부분군도 있다.

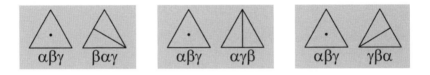

혹시 '1차 부분군'도? 항등원 혼자로도 모든 군의 조건을 만족시키므로 이 또한 부분군에 해당한다. 그런데 1차, 2차, 3차라는 것은 '군의 원소 개수'며, 이것을 가리키는 이름이 '위수'다. 우리가 보는 군을 예로 들면 어미군의 위수는 6이고, 3차 부분군의 경우는 3이다. 이게 왜 필요한지는 조금 뒤에 알게 될 것이다.

이제는 정규부분군을 향해 가 보자. 기본 원리는 간단하다.

① 먼저, 부분군 안의 원소를 아무것이나 하나 고른다.
② 어미군의 원소 중에서 역시 임의로 하나 고른다.

③ 다음과 같이 연산을 한다.

  (어미군의 원소 A) * (부분군의 원소 B) * (A의 역원)

④ 이 연산의 결과가 부분군 안에 있는지를 확인한다.

제시된 3차 부분군으로 예를 들자. 편의상 이를 P라 하고, P의 원소 하나를 고른다.

그리고 어미군에서도 임의의 원소를 하나 고른다.

이것의 역원은 자기 자신임을 이미 확인했다. 이제 ③의 규칙에 따라 연산만 하면 된다.

어미군의 원소(A)	부분군의 원소(B)	A의 역원	부분군의 원소

만일, ③의 방식으로 연산한 결과가 언제나 그 부분군에 대해 '닫혀 있다'면, 우리는 이 부분군을 '정규부분군'이라고 부른다. 그러나 앞에서 본 2차 부분군은 이 조건을 만족시키지 못한다. 우리가 살펴본 사례에서는 3차 부분군만이 정규부분군인 것이다.

경우에 따라서는 정규부분군이 여럿일 때도 있다. 그중 위수(원소의 개수)가 가장 큰 정규부분군을 '극대정규부분군'이라고 한다. 또, 극대정규부분군도 자기 안에 정규부분군을 가질 수 있는데, 지금의 경우는 항등원만으로 이뤄진 군이 여기에 해당한다.

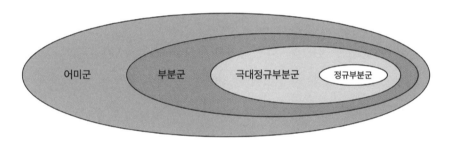

이제 '5차방정식에 근의 공식이 있는가.'를 알기 위한 마지막 단계에 다다랐다. 먼저, 다음의 공식을 기억해 두기로 한다.

어미군의 위수 ÷ 부분군의 위수 = 조성인자

우리가 만난 어미군의 위수는 6, 그리고 부분군의 위수는 3이므로 조성인자는 6÷3, 즉 2다. 2차 부분군의 경우는 어미군의 위수가 6, 부분군의 위수는 2이므로 조성인자가 6÷2, 즉 3이다. 또, 항등원 하나로도 1차의 부분군이 되므로 이때의 조성인자는 6÷1, 즉 6이다. 조성인자는 극대정규부분군과의 관계에서 방정식의 '가해성'을 판가름하는 핵심 열쇠다. 쉽게 말해서 '근의 공식이 존재하느냐 아니냐'를 결정하는 잣대라는 것이다.

그러한 결정을 내리기 위해서 중요한 것이 '극대정규부분군의 조성인자'다. 앞의 경우를 계속 예로 든다. 우리는 위수가 3인 최초의 극대정규부분군을 알았고 이것으로 어미군의 위수(6)를 나눠 2라는 조성인자를 얻었다. 또, 위수가 3인 극대정규부분군은 그 안에 항등원만으로 이뤄진(위수가 1인) 극대정규부분군을 품고 있으므로, 3÷1, 즉 3이라는 조성인자를 얻게 된다. 극대정규부분군으로 인해 얻게 되는 조성인자가 2와 3으로 모두 소수다. 갈루아는 이처럼 극대정규부분군에 의한 조성인자가 '모두 소수'일 때만 그 방정식이 근의 공식을 갖는다고 증명했다. 그렇다면 5차방정식은 왜 근의 공식을 가질 수 없었는지 짐작이 갈 것이다. 조성인자 중에서 소수가 아닌 60이 나왔기 때문이다!

제4부 신의 손짓 0

Q 1. 다른 문명에도 0이 있었나?

Q 2. 고대 문명의 기수법과 계산법 이해하기

1. 비어 있음에서 기호로

중국인들이 계산할 때 쓰던 산가지다. 저것은 어떤 수를 가리키고 있을까. 5? 14? 아, 14는 아니다. 십의 단위는 산가지를 가로로 뉘었으니까. 일의 단위와 백의 단위를 똑같이 세로로 표시했으니 결론은 둘 중 하나다. 5를 잘못 표시했거나, 100 하나에 1 넷, 그러니까 104를 놓은 것이다. 어라? 그런데 계산가가 저것을 10004라고 우길지도 모르는 일 아닌가. 슬쩍 벌려놓고 1004든 10004든 표시한 거라고 우기면 그렇다고 들어줄 수밖에.

이런 일은 고대 바빌로니아에서도 심심찮게 일어났을 게다. 그들도 처음에는 그냥 공간을 비워 놓는 선에서 자릿수를 표현하곤 했으니까.

이 숫자는 1;0;2가 될 수도 있고, 잠시 한눈팔아 실수한 거라며 사실은 3이었다고 말할 수도 있다. 시간이 좀 지나서야 그들도 기호 하나를 덧붙여 자릿수를 좀 더 분명하게 만들었다.

그에 비하면 마야인들은 좀 더 확실했다. 조개껍데기인지 사람의 눈인지는 몰라도, 어정쩡한 간격 때문에 계산 시비가 일어날지도 모르는 위험만큼은 확실히 면하게 해 줄 도구를 발명했으니까. 다음과 같이 말이다.

하지만 그들도 처음부터 현명했던 것은 아니다. 당신이 누군가에게서 빌린 것을 되갚으려는 마야인이라면 집 안 어딘가에 갚아야 할 옥수수의 양을 잘 새겨 놓았을 게다. 가령 이런 식으로.(마야인은 숫자를 세로로 썼다.)

조개껍데기 모양을 발명하기 전에는 당신도 이런 식으로 간격을 벌려 구분했을 뿐이다. 어떻게 적어 놓았느냐에 따라 1년 농사가 좌우될 수도 있는 일이다. 42자루의 옥수수를 꾸고 첫 번째 방식으로 적어 놓았다면 다행이지만(당신은 이십진법을 쓰고 있으니 $(2 \times 20)+(2 \times 1)=42$가 된다.) 까딱 잘못하면 722자루나 실어 날라야 한다. 가만, 어째서 802자루$(2 \times 20^2+0 \times 20+2 \times 1)$가 아닌 722자루가 되나? 이유가 있다. 마야인은 세 번째 자릿수를 $n \times 20^2$ 형태가 아닌 $n \times 18 \times 20$ 형태로 계산을 했기 때문이다. 그래서 저 숫자의 계산법은 $(2 \times 18 \times 20)+(0 \times 20)+(2 \times 1)=722$가 된다.(이 신비한 계산법에 대해서는 잠시 후에 살펴보기로 하자.)

중남미에서 마야 문명이 쇠락해 가던 시기에 기수법은 인도에서 새로운 혁신을 시작한다. 현대문명의 뿌리가 된 1~9와 0을 새삼 강조할 필요는 없을 것이다.

९ २ ३ ४ ५ ६ ७ ८ ९ ०
(1) (2) (3) (4) (5) (6) (7) (8) (9) (0)

괄리오르는 6세기에 건설된 고도(古都)로서, 인도 중·북부에서 서남부의 마르와르·구자라트 지방으로 통하는 교통의 요지다. 수 킬로미터에 달하는 요새로 유명한 도시이며, 이 요새 때문에 수많은 왕과 군인들이 탐내는 장소였다고 한다. 그러나 우리가 주목하는 건 이곳에서 발견된 두 개의 비문들이다. 특히 두 번째의 비문은 수의 역사에서 반드시 언급되곤 한다. 그것은 성 안의 수백 개 사원 중 크리슈나(비슈누의 현현)를 모시는 곳에서 만날 수 있는데, 이러한 네 개의 숫자가 적혀 있다.

933   270   187   50

९३३   ३७०   ९८२   ६०

비문은 괄리오르 시민들이 그 신에게 바치는 재물의 목록을 담고 있다. 숫자와 그 숫자에 해당하는 문자를 동시에 기록해 놓아 해석에 도움을 주는데, 말하자면 인도의 로제타석인 셈이다. 당시의 달력 연도에서 57년을 빼면 현대의 계산과 같아지므로 숫자 가운데 933은 서기 876년의 기록임을 알 수 있게 한다. 그리고 270아스타, 187아스타와 50가지의 꽃이 언급돼 있다. 바로 여기에 나오는 270이 수의 역사에서 처음 등장하는 0이다.

물론 이전의 고대 문명에서도 0의 역할을 하는 기호들이 있었다. 그러나 인도처럼 세련된 가치로 승화시키지는 못했다. 그 차이는 어디에 있었을까? 여러 문명의 기수법을 비교하며 계속 이야기해 나가기로 하자.

2. 인도와 다른 문명의 기수법 차이

중국의 기수법은 잘 알려져 있듯이 10진법 체계였다. 일(一), 십(十), 백 (百), 천(千), 만(萬)…… 자릿수 개념은 있었으나 단위가 높아질수록 새로운 기호를 만들어야 했다. 이것은 인도를 제외한 거의 모든 문명에서 나타나는 공통점이었다. 더욱이 계산에 사용된 1~9까지의 표기는 그저 산가지를 하나씩 더해 가는 초보적 수준이었다.

사실 이런 점은 60진법을 쓴 바빌로니아도 별다르지 않았다. 7과 ⟨, 두 개의 수로 모든 수를 표기했으니까.

다음과 같이 말이다.

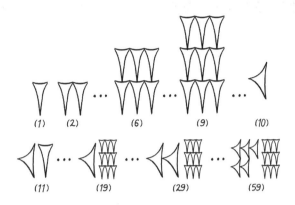

20진법을 쓴 마야문명도 그렇다.

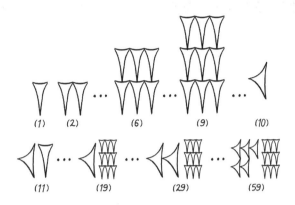

내친 김에 다른 문명권의 기수법도 한 번 총정리해 볼까?

먼저, 고대 이집트.

고대 그리스와 로마는 문자를 숫자로 쓴 대표적인 사례다.

ΙΓΔ🏠Π🏛ΗΔXΧ M ⊠
(1) (5) (10) (50) (100) (500) (1000) (5000) (10000) (50000)

I V X L C D M
(1) (5) (10) (50) (100) (500) (1000)

기수법을 익혔으면 시험 삼아 표현해 보는 것도 좋겠다. 2302는?

이집트, 그리스, 로마의 공통점은 각 자릿수의 숫자들을 수에 맞춰 나열했다는 데 있다. 그러니 수가 커지면 커질수록 기록에 어려움이 따를 것은 불 보듯 빤한 일이었다. 고대 문명에서 위치기수법을 발견한 이들은 중국인, 바빌로니아인, 마야인뿐이었다.

바빌로니아인은 60진법을 썼으니 2302를 38×60+22로 나타냈다. 희한한 것은 마야인들의 계산법이다. 20진법을 썼으니 2302면 $5 \times 20^2 + 15 \times 20 + 2$이므로 5;15;2에 해당하는 마야 숫자 표기가 돼야 할 것이다. 아래의 그림처럼.

그러나 실제로서는 6;7;2를 썼다.

세 번째 자리에 가면 20의 배수 20^2이 아니라 1년의 날수를 상징하는 18×20=360을 사용하였다. 마야의 신관과 천문학자들이 자신들의 우주적 시간관에 맞추기 위해서 그런 변칙을 썼다나? 원래 20진법이라면 $1 \times 20^n + 1 \times 20^{n-1} + 1 \times 20^{n-2} \cdots\cdots + 1 \times 20 + 1$ 같은 방식으로 배열돼야 한다. 그러나 마야인들은 세 번째 자리부터 적용된 규칙을 계속 유지해 나갔다. $1 \times (360 \times 20^n) + 1 \times (360 \times 20^{n-1}) \cdots\cdots + 1 \times (360 \times 20^2) + 1 \times (360 \times 20^1) + 1 \times 360 + 1 \times 20 + 1$, 이런 식으로. 『숫자의 탄생』을 쓴 조르주 이프라 박사는 마야인들이

아주 중요한 '제로'를 발명해 놓고도 이런 변칙으로 인해 커다란 것을 잃게 됐다고 말한다. 그가 든 사례를 보자.

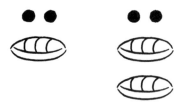

정상적이라면 위의 두 수는 각각 $(2 \times 20 + 0 \times 1)$, $(2 \times 20^2 + 0 \times 20 + 0 \times 1)$로서 40과 800이 돼야 한다. 그런데 '360'이 끼어듦으로써 2×360, 두 번째 수는 720(2년)이 돼 버렸다. 10진법을 쓰는 우리는 200이라는 숫자만 보면 딱 안다. 0이 두 개 붙으면 100이고 이 수가 100이 두 개라는 것을. 그런데 마야 체계에서는 그것을 쉽게 떠올릴 수가 없다. 굳이 그 자리에 해당하는 자릿수를 맞춰 보고 계산하는 번거로움이 생긴 것이다. 이프라 박사가 '제로'라는 훌륭한 산물을 발명해 놓고도 연산기능을 상실했다고 아쉬워했던 이유가 여기에 있다.

그런 점에서 60진법을 사용하던 바빌로니아인은 0에 해당하는 기호를 제대로 쓸 줄 안 사람들이었다. 가령 2;0;0은 $2 \times 60^2 + 0 \times 60 + 0 \times 1$로 계산함으로써 자릿수에 따라 60의 배수를 정확히 적용한 것이다. 하지만 이들도 인도인처럼 0을 양적인 개념으로 사용하는 데까지는 나아가지 못했다고 한다. 더욱이 0과 1~59개에 이르는 원시적인 숫자들을 사용했기 때문에 세련된 산술을 구사할 수도 없었다.

이쯤 되니 인도의 수들이 다시 보이기 시작하지 않는가. 얼마나 간단하고 세련됐는지! 1에서 9를 나타내는 수들이 작대기 하나씩 없은 것이 아니라 저마다 다른 형상으로 표현돼 있다. 이것이 0을 만나면 커다란 폭발력을 갖게 된다. 무슨 말이냐 하면, 아홉 개의 수로 어떤 자릿수를 가진 양도 간단히 나타낼 수 있을 뿐더러 0이 가세하면서 기하급수적으로 표현 영역을 넓힐 수 있게 됐다는 것이다. 로마자로 1조라는 수를 쓰려면 만, 십만, 백만, 천만, 억, 다시 십억, 백억, 천억에 해당하는 수를 만들어 내야 할 것이다. 그러나 인도식을 따르면 1,000,000,000,000으로만 쓰면 된다.

또한, 우리가 본문에서 본 것처럼 브라마굽타가 방정식을 가능하게 만든 개념들('재산에서 재산을 빼면 0이다.' 등), 곧 0과 음수를 산술에 적용할 수 있었던 계기도 어디까지나 0이 있었기에 가능한 것이었다. 인도인의 수 아홉 개와 0을 그저 당연한 것으로만 여기지만 말고 그 가치를 차분히 음미해 볼 필요도 있을 것이다.

제5부 천공의 수

Q 1. 허수는 어떤 논리로 만들어진 것일까?

Q 2. 조지 가모의 보물찾기 문제 완전정복!

1. 허수 탄생의 개념적 토대

수직선의 한가운데는 0이다. 오른쪽은 양수, 왼쪽은 음수의 영역. 당신은 왜 '(음수)×(음수)=(양수)'인지, '(음수)×(양수)=(음수)'인지 그 원리를 알고 있는가. 너무 당연하게만 생각해서 막상 '왜?'라고 물으면 할 말을 잃게 되지는 않는가. 우리가 허수를 알기 위해서 중요한 점은 '음수의 방향성'을 이해하는 데서 시작된다. 사실 '(음수)×(음수)=(양수)'라는 문제는 그리 쉽게 받아들여진 개념이 아니었다. 수직선으로 접근하면 보다 편히 이해할 수 있을 것이다.

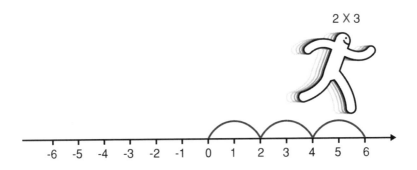

보다시피 2×3은 기준점(0)으로부터 오른쪽 방향으로 2만큼의 거리를 3번 가라는 얘기다.

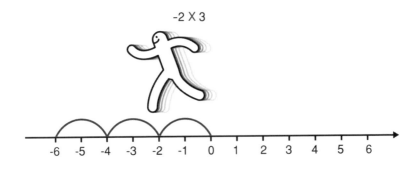

반대로도 생각할 수 있다. -2×3은 왼쪽 방향으로 2만큼 3번 가라는 뜻

으로. 또한 이것은 2×3의 결과인 6에서 정반대인 −6으로 180도 방향을 바꾼다는 얘기도 된다. 그러므로 이 수직선의 기하학에서 마이너스(−)는 방향을 정반대로 바꾸는 열쇠인 셈이다.

그렇다면 이런 질서 아래 '(음수)×(음수)'를 이해하기가 쉬워진다. (−2)× (−3)을 생각해 보자. 이것은 0을 기준으로 왼쪽(첫 번째 마이너스의 의미)으로 2만큼을 3번 가되 방향을 다시 180도 바꾸라(두 번째 마이너스의 의미)는 것이다. 그래서 6이다. 마이너스 곱하기 마이너스는 '부정의 부정은 긍정이다.'라는 논리적 수사법으로 대신할 수도 있겠다. 그리고 허수 i는 사실 이런 규칙 때문에 생겨났음을 알아야 한다.

수학은 하나의 법칙이다. 신이 우주에 새겨 넣은 영원불멸하고 요지부동인 법칙처럼, 인간이 발견한 법칙으로 이뤄진 정밀한 학문이라는 말이다. '(음수)×(음수)=(양수)'라고 부르려면 그만큼 논리적인 이해를 뒷받침해야 한다. '(음수)×(음수)=(양수)'가 정립됨으로써 허수도 만들어질 수 있었다. 음수의 제곱이나 양수의 제곱은 모두 양수이므로 음수도 양수도 아닌 수라야 그 제곱이 음수가 될 수 있다. 이제 왜 '(음수)×(음수)=(양수)'에서 허수 i가 만들어졌는지 이해가 되는가. 그것은 논리성에 기반한 세련된 법칙의 결과물이었던 것이다. 그 법칙이 기묘하지만 심오한 수 하나를 탄생시켜 놓았다.

2. 보물 찾는 사내를 확실히 도와주려면?

수직선을 이용해 음수와 음수의 곱은 양수라는 사실을 이해했다. 허수의 영역은 어떠한가. 가우스평면(복소평면)에서 '허수를 한 번 곱할 때마다 시계 반대 방향으로 90도 회전한다.'는 기하학적 사실을 떠올려 보자. 보물을 찾는 사내가 주목한 것도 바로 이 같은 허수의 성질이었다.

그런데 우리가 만약 보물을 찾는 사내라면 좀 더 알아 둬야 할 것이 있다. 본문에서는 설명의 복잡함을 피하기 위해 간략하게 보여 줬지만, 사실 복소수의 덧셈과 뺄셈을 모르면 보물의 위치를 찾기가 힘들다.

여기에 $a+bi$와 $c+di$라는 복소수들이 있다고 하자. 이때 두 수의 덧셈은 실수부(a, c)와 허수부(bi, di)를 구별해서 저들끼리만 연산을 하면 된다. $1+4i$와 $5+2i$를 가지고 해 볼까. $6+6i$다. 이것을 복소평면상에 놓아 보면 그림과 같다.

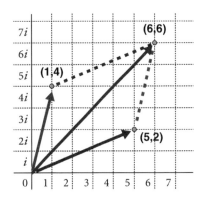

이때, $6+6i$의 위치는 $1+4i$와 $5+2i$에 의해 만들어진 화살표들을 두 변으로 하는 평행사변형의 맞은편 꼭짓점이 된다. $1+i$, $2+2i$, $3+3i$…… 이런 경우들처럼 배수관계의 복소수를 더하는 경우처럼 퇴화된 평행사변형이 생기는 저 평행사변형의 법칙은 언제나 유지된다.

이번에는 뺄셈이다. 나중에 보물찾기 지도를 이해하기 위해선 이 뺄셈에 잠시 집중할 필요가 있다. 먼저 복소평면상에 $1+4i$를 점 $P(1, 4)$로 표시하고 $5+2i$를 $Q(5, 2)$로 표시하자.

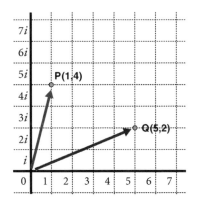

여기에 $P-Q$를 하면 $-4+2i$가 된다. 반대로 $Q-P$를 할 경우에는 $4-2i$다. 이제 각각의 수가 복소평면상에서 어떻게 놓이는지를 보자.

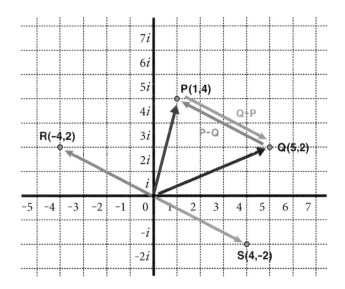

$P-Q$의 결과는 R이고, $Q-P$의 결과는 S다. 이것은 Q를 원점$(0, 0)$으로 이동할 경우 화살표 $\overrightarrow{QP}$의 종점이 R과 겹쳐지며, 반대로 P가 원점으로 이동하면 화살표 $\overrightarrow{PQ}$의 종점이 S와 겹친다는 사실을 알려 준다. 이처럼 뺄셈의 순서에 따라 화살표의 방향은 달라진다. 일단 이것을 기억해 두고, 보물 지도를 다시 펼쳐들자.

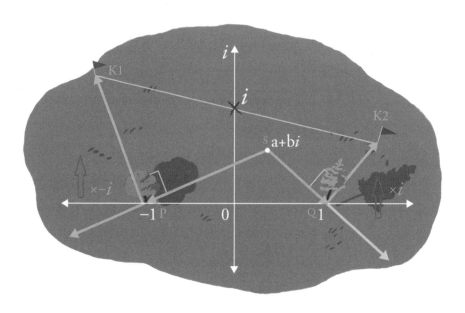

사내가 소나무의 위치를 실수축의 1, 떡갈나무는 -1로 놓고 가우스평면을 그렸다. 설명의 편의를 위해 첫 번째 깃발을 K1, 두 번째는 K2, 그리고 교수대 S, 떡갈나무 P, 소나무는 Q라고 정하자. 먼저, 가장 중요한 단서는 아까 배웠던 복소수의 뺄셈에서 나온다. 임의의 위치로 잡은 교수대로부터 먼저 떡갈나무까지 걸어가야 하므로 화살표는 그림처럼 S에서 시작해 P를 향해야 할 것이다. 그리고 복소평면에서 뺄셈이 작동하는 방식을 떠올린다면 저 화살표가 P−S라는 사실도 알게 될 것이다.

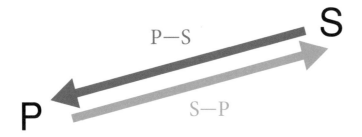

따라서, 지도상으로 보면 $(-1-S)$가 바로 S에서 떡갈나무까지의 거리다. 다음에는 S에서 떡갈나무까지 간 만큼을 더 가서 직각으로 꺾으라고 했다. 이것은 연장된 화살표를 시계 방향으로 90도 회전한 것과 같다. 복소평면에서 90도 회전을 좌우하는 것은 무엇일까? 그래, i다. 시계 방향으로 회전시키려면 $-i$를 곱하면 된다. 연장된 화살표는 $(-1-S)$와 길이가 같으므로 이를 시계 방향으로 회전한 것은 $(-1-S) \times (-i)$다.

자, 이제 깃발 $K1$을 박을 자리가 나왔다. 교수대(S) ➜ 떡갈나무$(-1-S)$ ➜ 걸어온 만큼 더 가서 직각으로 회전하면 $(-1-S) \times (-i)$.

$$K1 = S + (-1-S) + (-1-S) \times (-i)$$

다시 처음에 출발한 곳(임의의 교수대 자리)으로 돌아와 이번에는 소나무를 향한다. S에서 Q를 향해 가므로 저 화살표가 닿는 곳은 $Q-S$, 곧 S에서 소나무까지의 거리인 $(1-S)$ 지점이다. 여기서 $(1-S)$만큼을 더 가서 이번에는 왼쪽으로 직각 턴을 해야 하니 반시계 방향 90도 회전이다. $(1-S) \times i$.

이제 두 번째 말뚝 박을 위치도 나왔다.

$$K2 = S + (1-S) + (1-S) \times i$$

보물이 어디 있다고 했나. 두 말뚝의 중간이었지 아마? 그럼 $\dfrac{K1+K2}{2}$ 아닌가.

계산하면,

$$\frac{S + (-1-S) \times -i + S + (1-S) + (1-S) \times i}{2}$$

$$\frac{(-1 + 1i + Si) + (1 + 1i - Si)}{2}$$

$$\frac{2i}{2} = i$$

즉, i가 된다.

허수축에서 원점의 위쪽으로 한 계단만 오르면 i가 있었다. 교수대가 없어 절망했던 사내에게 문득 떠올랐던 생각은 바로 이렇게 허수를 찾는 방법이었다. 사실, 보물이 있는 자리는 $P=1$, $Q=1$이라는 가정을 하지 않더라도 여전히 같은 자리다. 교수대의 위치와 상관없이.

참고 자료

서적(국내 저자부터 가나다 순)

- 김용운·김용국, 『재미있는 수학 여행』(1~3권), 김영사, 2007.
- 차종천 역, 『구장산술 주비산경』, ㈜범양사 출판부, 2000.
- 마르크 알랭 우아크냉, 『수의 신비』, 살림, 2006.
- 마리오 리비오, 『신은 수학자인가?』, 열린과학, 2009.
- 마리오 리비오, 『에바리스트 갈루아, 한 수학 천재를 위한 레퀴엠』, 살림Math, 2009.
- 마이클 J. 브래들리, 『달콤한 수학사』(1~5권), 일출봉, 2007.
- 모리스 클라인, 『수학, 문명을 지배하다』, 경문사, 2005.
- 배리 마주르, 『허수: 시인의 마음으로 들여다본 상상의 세계』, 승산, 2008.
- 앤 루니, 『수학 오디세이』, 돋을새김, 2010.
- 조르주 이프라, 『숫자의 탄생』, 부키, 2011.
- 존 더비셔, 『미지수, 상상의 역사』, 승산, 2009.
- 존 배로, 『무한으로 가는 안내서』, 해나무, 2011.
- 칼 B. 보이어·유타 C. 메르츠바흐, 『수학의 역사』(상·하권), 경문사, 2000.
- 페르트 베크만, 『파이의 역사』, 경문사, 2002.
- 핼 헬먼, 『수학자 대 수학자』, 경문사, 2009.
- 후지와라 마사히코, 『천재수학자들의 영광과 좌절』, 사람과 책, 2003.
- 후카가와 히스히사, 『허수와 복소수』, 이나서, 2012.

기타(논문, 칼럼, 방송)

- 강경훈, 「삼대작도 불능 문제의 해결 시도에 대한 역사적 고찰」, 제주대학교 교육대학원 석사학위논문, 2004.

• 박춘성·안수엽, 「초월수의 역사와 미해결 문제」, 한국수학사학회지 제23권 제3호(2010년 8월) pp.57~73.

• 이만근, 「이만근 교수와 함께 수학의 고향을 찾아서(5) 아르키메데스」, 동아일보, 2012. 4. 24.

• 이민희·임해미, 「그래픽 계산기를 이용한 주비산경 탐구」, 한국수학교육학회 춘계학술대회 프로시딩, 2012.

• EBS 지식채널 e 〈수학자〉 '1부-푸앵카레의 추측', '2부-페렐만의 증명'(2012).

넘버스

1판 1쇄 펴냄 2017년 9월 26일
1판 12쇄 펴냄 2024년 5월 20일

지은이 | EBS 〈넘버스〉 제작팀
기획 | EBS MEDIA
발행인 | 박근섭
책임편집 | 강성봉 · 정지영
펴낸곳 | ㈜민음인

출판등록 | 2009. 10. 8 (제2009-000273호)
주소 | 06027 서울 강남구 도산대로 1길 62 강남출판문화센터 5층
전화 | **영업부** 515-2000 **편집부** 3446-8774 **팩시밀리** 515-2007
홈페이지 | minumin.minumsa.com

도서 파본 등의 이유로 반송이 필요할 경우에는 구매처에서 교환하시고
출판사 교환이 필요할 경우에는 아래 주소로 반송 사유를 적어 도서와 함께 보내주세요.
06027 서울 강남구 도산대로 1길 62 강남출판문화센터 6층 민음인 마케팅부

ISBN 979-11-5888-327-0 03410
㈜민음인은 민음사 출판 그룹의 자회사입니다.